气藏型地下储气库技能培训教程

气藏型地下储气库员工操作指南

蒋华全　雷思罗　姜婷婷◎等编著

石油工业出版社

内 容 提 要

本书详细介绍了气藏型地下储气库相关的基础操作内容，主要包括相关的注采操作技能、电力操作技能、管道保护操作技能、自动化系统操作技能、设备维护与保障分析判断处理和常用工具、器具与仪器仪表使用。

本书可供储气库操作人员、技术人员学习，也可供石油院校相关专业师生参考。

图书在版编目（CIP）数据

气藏型地下储气库员工操作指南/蒋华全等编著.—北京： 石油工业出版社，2022.11

（气藏型地下储气库技能培训教程）

ISBN 978-7-5183-5183-5557-0

Ⅰ.①气… Ⅱ.①蒋… Ⅲ.①地下储气库–运行–技术培训–教材②地下储气库–管理–技术培训–教材 Ⅳ.①TE972

中国版本图书馆 CIP 数据核字（2022）第 155410 号

出版发行：石油工业出版社

（北京安定门外安华里 2 区 1 号楼　100011）

网　　址：www.petropub.com

编辑部：（010）64523537　　图书营销中心：（010）64523633

经　　销：全国新华书店

印　　刷：北京中石油彩色印刷有限责任公司

2022 年 11 月第 1 版　2022 年 11 月第 1 次印刷
787×1092 毫米　开本：1/16　印张：10.25
字数：240 千字

定价：80.00 元
（如出现印装质量问题，我社图书营销中心负责调换）
版权所有，翻印必究

《气藏型地下储气库员工操作指南》编写组

组　　长：蒋华全

副 组 长：雷思罗　杨　颖　姜婷婷

成　　员：（按姓氏笔画排序）

　　　　　王　涛　邓雨萌　吕　虹　任　科　刘　浩　刘光有

　　　　　刘真志　汤　丁　许　捷　李　强　李欣霖　李雪源

　　　　　杨　敏　杨光祥　吴桂玲　陈　彪　周明兵　周俊池

　　　　　屈俊宇　胡滨涛　钟代华　禹贵成　姜婷婷　蒋春健

　　　　　温廷钧　管贞平　廖浩然　熊　兵　潘　剑

前　言

进入 21 世纪，中国天然气产业发展迅猛，天然气已成为国计民生不可或缺的重要清洁能源。地下储气库是将天然气重新注入天然或人工的地下构造中，形成的一种人工气田或气藏。地下储气库包括气藏型、含水层型、盐穴型、矿坑型四种类型，具有季节调峰、应急保供、战略储备和市场调节四大功能，可以在极寒天气保温暖、极端条件保安全、减供期间保生产，发挥了保民生、保安全等重要作用。

西南油气田公司作为中国重要的天然气工业基地、天然气开采的专业化公司，在天然气开采、集输方面积累了丰富的经验和技术，在十余年的储气库建设生产运行中积累了丰富的经验，并将逐步建设成为具有百亿立方米调峰能力的西南储气中心。当前，已建成投运的西南首座地下储气库——相国寺储气库由重庆相国寺储气库有限公司专业化管理，该库由相国寺气田石炭系气藏改建而成，累计注入气量、调峰气量均超过百亿立方米，其运行管理实践为其他同类型储气库提供了宝贵的经验和模板。为了适应储气库迅速发展、提高储气库运行保障技术队伍整体素质的需要，按照建成气藏型地下储气库人才培养基地要求，重庆相国寺储气库有限公司组织编著了《气藏型地下储气库技能培训教程》丛书，其中包括《气藏型地下储气库运行管理指南》《气藏型地下储气库员工操作指南》两本培训教材。

本书为《气藏型地下储气库员工操作指南》，共分六章，重点介绍了储气库运行过程中重要的操作技能，注重个性与共性相结合，在采气工、压缩机操作工、油气管道保护工、电工等操作技能基础上，侧重于上述工种未涵盖的储气库运行相关的操作技能。内容主要包括注采操作技能、电力操作技能、管道巡护操作技能、自动化系统操作技能、设备维护与故障分析判断与处理、常用工器具与仪器仪表使用。

本书第一章由蒋春健、温廷钧、任科、姜婷婷、管贞平、李强、杨光祥、禹贵成、王涛、李雪源、陈彪、潘剑撰写；第二章由刘真志、杨敏、吴桂玲、熊兵、刘光有、刘浩撰写；第三章由汤丁、李欣霖、周明兵、周俊池、许捷撰写；第四章由蒋春健、王涛、吕虹、姜婷婷、胡滨涛、刘真志、邓雨萌撰写；第五章由胡滨涛、李欣霖、周俊池、陈彪、李雪源、禹贵成、钟代华、管贞平、廖浩然、刘真志、熊兵撰写；第六章由屈俊宇、李欣霖撰写。全书由杨颖、姜婷婷统稿。

  在本书的编写过程中得到西南油气田分公司气田开发管理部、生产运行处、质量安全环保处、管道管理部、物资设备管理部等单位有关领导和管理人员的大力支持和帮助，在此致以由衷的感谢！

  鉴于编者水平有限，书中难免有不完善之处，诚望广大读者批评指正！

本书编写组

2022 年 9 月

目 录

第一章　注采操作技能　1

项目一　开井操作　2
项目二　常规关井操作　5
项目三　五阀组更换压力表操作　6
项目四　井口安全截断系统开、关操作　7
项目五　导热油循环系统运行操作　10
项目六　J-T 阀脱水装置开车操作　12
项目七　J-T 阀脱水装置停车操作　15
项目八　液氮装置操作　17
项目九　IRN37kW 空压机启停机操作　19
项目十　DTY4000 分体式压缩机组工况调整操作　21
项目十一　DTY4000 分体式压缩机组启机操作　24
项目十二　DTY4000 分体式压缩机组正常停机操作　26

第二章　电力操作技能　27

项目一　CSC2000 变电站综合自动化系统操作　28
项目二　JOYO-J 微机防误操作系统操作　31
项目三　电脑钥匙操作　34
项目四　110kV 主电源与 10kV 保安电源倒换操作　35
项目五　双变压器与单台变压器带负荷倒换操作　36
项目六　变压器呼吸器硅胶更换操作　37
项目七　软启动装置操作　39
项目八　断路器、隔离开关远程/就地切换操作　41
项目九　高压无功自动补偿装置运行操作　42
项目十　低压备自投装置运行操作　44

第三章　管道保护操作技能　45

项目一　极化探头参数测试操作　46
项目二　固态去耦合器测试操作　48
项目三　等电位连接器测试操作　51
项目四　阳极地床接地电阻操作　53
项目五　绝缘接头绝缘性能测试　55
项目六　ER腐蚀探针测试操作　56
项目七　恒电位仪通断测试断电电位操作　60
项目八　HPS-1恒电位仪操作　62

第四章　自动化系统操作技能　65

项目一　DCS系统操作程序　66
项目二　SIS系统操作程序　71
项目三　电动执行机构操作　72
项目四　气动执行机构操作　74
项目五　气液联动执行机构操作　75
项目六　压力变送器参数设置　78
项目七　温度变送器参数设置　80
项目八　液位变送器参数设置　82
项目九　UPS操作（启、停、充放电）　84
项目十　放空火炬点火操作　86
项目十一　消防泵运行操作　87
项目十二　给水泵站转水操作　90
项目十三　手持终端巡检仪操作　91
项目十四　视频控制系统操作　94

第五章　设备维护与故障分析判断处理　97

项目一　清管收发球故障判断与处理　98
项目二　DTY4000电驱式压缩机机组维护保养　104
项目三　井口安全系统常见故障分析判断　109

项目四　火灾报警按钮与火焰探测器维护与故障处理 …………………… 112

项目五　固定式气体检测仪故障判断与处理 ………………………………… 115

项目六　三相异步电动机故障处理 …………………………………………… 118

项目七　10kV跌落式熔断器的操作及常见故障判断 ……………………… 120

第六章　常用工具、器具与仪器仪表使用 ……………………………………… 123

项目一　过程校验仪使用 ……………………………………………………… 124

项目二　手操器使用 …………………………………………………………… 129

项目三　蓄电池内阻测试仪使用 ……………………………………………… 132

项目四　绝缘电阻测试仪使用 ………………………………………………… 136

项目五　直流电阻测试仪使用 ………………………………………………… 138

项目六　测距仪的使用 ………………………………………………………… 142

项目七　超声波测厚仪使用 …………………………………………………… 145

项目八　外夹式超声波流量计的使用 ………………………………………… 150

第一章
注采操作技能

项目一　开井操作

一、准备工作

（1）材料：乙二醇机泵用润滑油、毛巾、棉纱、乙二醇、生料带、验漏液。
（2）工具：活动扳手、管钳、"F"形扳手、平口螺丝刀、十字螺丝刀、便携式气体检测仪、手持终端、对讲机、清洁工具。

二、操作程序

（一）采气开井操作

（1）根据调度指令，各组建立联系。
（2）在手持终端调出操作工单，并在操作中步步确认。
（3）记录开井前的油压，A\B\C 环空压力。
（4）检查并确认各仪器仪表显示是否正常、连接是否紧固，管线连接有无松动，阀门有无泄漏。
（5）检查并确认安全阀前控制阀处于开启状态，安全阀正常并在校验期内。
（6）检查并确认各放空控制阀处于开启状态，放空阀处于关闭状态。
（7）检查并确认井上、井下安全阀处于开启状态、井安系统压力在正常范围内，高低压传感器组处于投用状态。
（8）检查乙二醇储罐液位，乙二醇控制柜电源指示正常，乙二醇加注泵试运正常并处于远程控制状态。
（9）检查并关闭注气流程各控制阀，并将电动阀置于停止状态，屏蔽注气低压传感器组。
（10）检查采气调节阀处于关闭状态并置于远程状态。
（11）从进站球阀至采气调节阀，检查并开启除采气调节阀、井口控制阀外气流通道上所有控制阀。
（12）缓慢开启井口生产闸阀，使采气调节阀前（测温测压套处）压力与井口油压一致。
（13）再次检查各点有无"跑、冒、滴、漏"现象，电动控制阀与调节阀处于远程控制状态。
（14）与中控室取得联系，确认各阀门开关状态，压力、温度数据与 DCS 系统上一致并悬挂开关指示牌，采气流程准备完毕。
（15）中控室根据配产量开启采气调节阀。
（16）逐步调节产量，同时检查各节点压力、温度是否正常。

（17）汇报调度室开井完成，记录开井时间、压力、产量。

（二）注气开井操作

（1）根据调度指令，各组建立联系。
（2）在手持终端调出操作工单，并在操作中步步确认。
（3）记录开井前的油压，A\B\C 环空压力。
（4）检查并确认各仪器仪表显示是否正常、连接是否紧固，管线连接有无松动、阀门有无泄漏。
（5）检查并确认安全阀前控制阀处于开启状态，安全阀能正常工作并在校验期内。
（6）检查并确认各放空控制阀处于开启状态，放空阀处于关闭状态。
（7）关闭乙二醇加注泵的各级阀门，切断供电开关。
（8）关闭采气流程阀门，并将电动阀门开关置于停止状态。
（9）检查并确认井上、井下安全阀处于开启状态、井安系统压力在正常范围内，注气低压传感器处于投用状态，同时屏蔽采气高低压传感器组。
（10）检查注气调节阀处于关闭状态并置于远程状态。
（11）从进站球阀至注气调节阀，检查并开启除注气调节阀、井口控制阀外气流通道上所有控制阀。
（12）缓慢开启井口生产闸阀，使注气调节阀前（测温测压套处）压力与井口油压一致。
（13）再次检查各点有无"跑、冒、滴、漏"现象，电动控制阀与调节阀处于远程控制状态。
（14）与中控室取得联系，确认各阀门开关状态，压力、温度数据与 DCS 系统上一致并悬挂开关指示牌，注气流程准备完毕。
（15）中控室根据配产量开启注气调节阀。
（16）逐步调节产量，同时检查各节点压力、温度是否正常。
（17）汇报调度室开井完成，记录开井时间、压力、产量。

三、技术要求及注意事项

（1）打开井口装置闸阀时，应由内至外完全打开，严禁用井口装置闸阀控制流量。
（2）打开采气（注气）调节阀下游流程上的阀门时，应从下游到上游依次打开，防止憋压。
（3）采气时严格控制采气调节阀后压力，防止超压（采气调节阀后管线压力不超 14MPa）。
（4）采气初期根据节流前后温度合理加注乙二醇，防止水合物堵塞。
（5）开启调节阀时应严格控制开阀速度，一次开启幅度不超过 10%，每次动作时间间隔不低于 2min，阀门完全开启时间应在 30min 以上。
（6）可多口井同时进行产量调节。

（7）注气初期，应加密巡检，掌握温度压力变化情况，判断注气是否成功。

（8）注气期间，应防止注气管线与采气管线窜压，避免造成采气管线超压。

（9）阀门状态改变后应及时对开关指示牌进行更新。

项目二　常规关井操作

一、准备工作

（1）材料：毛巾、棉纱、手持终端、验漏壶、验漏液。
（2）工具：活动扳手、管钳、"F"形扳手、平口螺丝刀、十字螺丝刀、便携式气体检测仪、对讲机。

二、操作程序

（一）就地关井操作（注采转换检维修期）

（1）根据调度指令，各组建立联系并做好相关记录。
（2）在手持终端调出操作工单，并在操作中步步确认。
（3）录取关井前的油压，A\B\C环空压力。
（4）关闭采气（注气）调节阀。
（5）关闭井口生产闸阀。
（6）关闭井口至出站气流通道上所有控制阀。
（7）与中控室取得联系，汇报关井完毕。
（8）记录关井时间并更换开关牌状态。

（二）临时关井操作

中控室根据调度指令，远程关闭采气（注气）调节阀。

三、技术要求及注意事项

（1）关井前，应现场确认采气树各阀门开关状态。
（2）正常关井不得采用井口安全系统进行关井操作，井下安全阀不能随意关闭。
（3）注气期停产关井时应在所有增压机组停机后进行，防止憋压。
（4）关井后，必须确认井口生产闸阀严密不漏。
（5）关闭调节阀应缓慢，单次关闭幅度不得超过30%，每次动作时间间隔不低于1min。
（6）关井后，应确保安全阀仍然处于工作状态。
（7）关井后，无特殊要求时不能关闭出站控制阀，避免因井口阀门关闭不严造成超压。
（8）阀门状态改变后应及时对开关指示牌进行更新。

项目三 五阀组更换压力表操作

一、准备工作

（1）材料：压力表、垫片、毛巾、棉纱、验漏壶（液）、生料带、手持终端、手套。
（2）工具：200mm、250mm活动扳手各一把；100mm平口螺丝刀、十字螺丝刀各一把；便携式气体检测仪一台。

二、操作程序

（1）工用具准备。
（2）读取并记录旧表压力值及相关参数。
（3）根据运行压力选择合格的压力表。
（4）关闭压力表安装对应的阀组取压阀。
（5）检查压力表安装对应阀组放空阀关闭。
（6）拆卸放空螺钉。
（7）打开压力表安装对应阀组放空阀泄压。
（8）确认泄压为零后，拆卸压力表。
（9）取下垫片，检查放空螺钉与垫片。
（10）安装垫片。
（11）安装压力表。
（12）关闭压力表安装对应阀组放空阀。
（13）安装放空螺钉。
（14）缓开压力表引压阀。
（15）验漏。
（16）读取并记录新表压力值和相关数据。
（17）收拾工具、清扫场地。

三、技术要求及注意事项

（1）拆卸与安装压力表时严禁正对控制阀手轮、放空口与压力表正上方，启表时不得正对压力表表盘。
（2）压力表对应控制阀、放空阀应选择正确，确认泄压后拆卸压力表。
（3）压力表选择应符合要求并在允许工作范围内。
（4）安装放空螺钉时，严禁正对操作。

项目四　井口安全截断系统开、关操作

一、准备工作

(1) 材料：液压油、毛巾、棉纱、验漏壶（液）、线手套、氮气。
(2) 工具：200mm、250mm、300mm 活动扳手各一把。

二、操作程序

（一）开启井口安全系统

1. 美国钻采公司井口安全系统

（1）新安装井口安全系统或拆卸调试后的井口安全系统。

① 将现场仪控间端子柜上关井按钮按下后再拔出，恢复井口安全系统电磁阀供电并将易熔塞旋钮旋至旁路状态。

② 打开氮气瓶，通过氮气回路调节阀控制氮气输入压力。

③ 打开井口安全系统气源进气阀门，通过控制回路压力调节阀控制回路压力，此时气驱泵工作，补充易熔塞管线压力。

④ 向外拉 SCSSV 阀按钮后，开启井下安全阀，观察 SCSSV 控制压力达到最终压力后，井下安全阀完成打开。

⑤ 向外拉动 SSV 阀开关，即可开启井上安全阀。

⑥ 待井上安全阀安全开启后，将易熔塞旋钮旋至正常状态并检查电磁阀旋钮、高低压检测点取压控制阀处于开启状态。

（2）正常运行的井口安全系统在异常关闭后恢复。

确认氮气瓶压力、氮气回路调节阀后压力、控制回路压力符合要求后，拉起 SCSSV 中继阀，待 SCSSV 控制压力正常后，再拉起 SSV 中继阀打开井上安全阀，完成井安系统正常开启。

2. 成都中寰气液混驱型井口安全系统

（1）新安装井口安全系统或拆卸调试后的井口安全系统。

① 开启氮气瓶及氮气汇管控制阀，通过氮气回路调节阀控制氮气输入压力，将氮气导入井安系统控制柜。

② 调节井口安全系统控制系统回路压力调节阀、SCSSV 控制回路压力调节阀、SSV 控制回路压力调节阀，将以上 3 个控制回路压力调至规定范围内。

③ 向外拉 SCSSV 中继阀，打开井下安全阀，如果 SCSSV 驱动压力不足，则按照第② 步操作适当补充压力。

④ 待 SCSSV 完全开启后，向外拉 SSV 中继阀，打开井上安全阀。

⑤ 待井上安全阀安全开启后，检查电磁阀旋钮、高低压检测点导阀取压控制阀是否处于正常开启状态。

（2）正常运行的井口安全系统在异常关闭后恢复。

确认氮气瓶压力、氮气回路调节阀后压力、控制回路压力符合要求后，拉起SCSSV中继阀，待SCSSV控制压力正常后，拉起SSV中继阀打开井上安全阀，完成井安系统正常开启。

3. 成都中寰双液混驱型井口安全系统

（1）新安装井口安全系统或拆卸调试后的井口安全系统。

① 开启氮气瓶及氮气汇管控制阀，通过氮气回路调节阀控制氮气输入压力，将氮气导入井安系统控制柜。

② 开启井安系统控制柜内补气排压控制阀，井安系统自动补压。

③ 检查并将井口安全系统控制柜上SCSSV驱动压力、控制系统压力和SSV驱动压力控制在设定范围内。

④ 先拉起SCSSV中继阀，在SCSSV控制压力正常后，再拉起SSV中继阀打开SSV，完成后井上安全阀正常打开。

⑤ 待井上安全阀安全开启后，检查电磁阀旋钮、高低压检测点导阀取压控制阀是否处于正常开启状态。

（2）正常运行的井口安全系统在异常关闭后恢复。

确认氮气瓶压力符合要求后，拉起SCSSV中继阀，待SCSSV控制压力正常后，再拉起SSV中继阀打开井上安全阀，完成井安系统正常开启。

（二）关闭井口安全系统

1. 中控室关井

中控室DCS系统上点击井口安全截断系统控制按钮，对话框上显示井口安全阀和井下安全阀关闭按钮，任意点击一个将关闭对应安全阀。

2. 现场仪控间关井

点击无人值守注采站仪控间中间端子柜上触摸屏井上安全阀图标，弹出对话框，对话框上显示井口安全阀和井下安全阀关闭按钮，任意点击一个将关闭对应安全阀。

3. 现场控制柜关井

现场控制柜上目视化指示按下手柄就关闭对应的安全阀。

三、技术要求及注意事项

（一）开启井口安全系统

1. 美国钻采公司井口安全系统

（1）氮气瓶压力应不小于2MPa，才能保证井安系统正常工作。

（2）氮气进入井口安全系统控制柜后，应将氮气输入压力调节至100psi左右。

（3）井口安全系统易熔塞管线压力为110～120psi。

（4）SCSSV控制最终压力计算公式：油压+2700psi。

2. 成都中寰气液混驱型井口安全系统

（1）氮气瓶压力应不小于2MPa，才能保证井安系统正常工作。

（2）氮气进入井口安全系统控制柜后，应将氮气输入压力调节至100psi左右，最高不能超过145psi。

（3）控制回路压力应控制在60psi左右。

（4）井下安全阀控制回路压力应控制在36psi左右。

（5）SCSSV控制最终压力计算公式：油压+2700psi（相储1井、相储8井除外，相储1井、相储8井SCSSV控制最终压力计算公式：油压+2500psi）。

（二）关闭井口安全系统

（1）关闭井口安全系统时应遵守先关井上安全阀，再关井下安全阀。

（2）在中控室和仪控间远程关闭井口安全系统时，点击关闭井口安全系统，井上安全阀即刻关闭；点击关闭井下安全系统，井下安全阀在延迟12s后关闭。

项目五　导热油循环系统运行操作

一、准备工作

工具：活动扳手、手套。

二、操作程序

（一）启动前检查

（1）检查高位膨胀罐的油位应在60%以上，低位储油罐油位在30%左右，保证油品在升温的过程中产生的膨胀有足够的存储空间，高位槽有足够的冷油冷却锅炉的热油。

（2）检查锅炉管道系统各个流程是否处于正确打开状态，手动启动热油循环泵，观察热油循环泵的进出口压力、炉本体压降及进出口油温，排烟温度等仪表的工作是否显示正常，检查锅炉及工艺流程有无泄漏情况。

（3）检查就地控制柜各项控制参数是否在正常范围内，按键操作是否已打到自动状态，首次启动时停炉温度应低于100℃。

（二）烘炉

（1）启动循环泵开启导热油循环。

（2）开启燃烧器点火，前期可升温至50℃，后期以20℃为一台阶，每个台阶保持12h，后期温度不超过100℃，烘炉期一般为4d以上。

（三）启炉

（1）在就地控制柜上点击启动导热油锅炉，导热油升温时应循序加温，升温至50℃后对导热油炉各系统进行检查，如无异常可直接升温到120℃运行。

（2）检查锅炉及工艺流程有无泄漏情况，日常巡检时间按班组巡检4h/次即可。巡检内容应包括液位、油温、进出泵压力、循环流量等。

（四）停炉

（1）在就地控制柜上停止运行燃烧器，油温降至60℃时，再使系统停止运行。

（2）检查锅炉及工艺流程是否存在泄漏或其他安全隐患。

三、技术要求及注意事项

（1）导热油锅炉发生超温或者热载体结焦异常变质等问题时，需停燃烧器冷循环，当油温降至60℃以下再停循环泵。

（2）锅炉内介质均为高温、渗透性较强的易燃物质。在操作中心须穿戴好防护用品，开关阀门时不要正对阀门，防止热传导油从阀杆与填料间隙中冲出而烫伤。

（3）导热油锅炉依靠循环泵循环，循环泵异常停运时，要及时采取措施，避免炉内热传导油因停止循环而超温。如没有自备电源，不能立即启动备用泵时，应立即停炉，打开膨胀罐与储油罐之间的连接阀门，让膨胀罐内冷油流入储油罐内，保持系统内流体流动。直至炉膛温度低于200℃，热油出口温度降至100℃以下为止。

（4）正常启炉中，导热油系统未进行检修或打开作业，不需要排出系统中的水分或空气时，可直接启炉并升温到50℃。

项目六　J-T 阀脱水装置开车操作

一、准备工作

（1）工具："F"形扳手、护目镜、可燃气体检测仪、手套、乙二醇浓度检测仪等。
（2）人员按照岗位分工，经过投产方案培训学习。
（3）检查灼烧炉、导热油炉、乙二醇泵配电屏，电供应到位。
（4）检查空气干燥机组及空压机运行情况，仪表风压力为 0.5～0.9MPa。
（5）检查乙二醇泵润滑油与液压油油位是否正常。
（6）检查工控机上主要工艺参数设定，且各回路均处于"手动"控制状态。
① 高效分离器液位控制回路。
② 闪蒸罐压力控制回路。
③ 闪蒸罐液位控制回路。
④ 重沸器温度控制回路。
⑤ 热媒炉控制回路。
（7）将燃烧气压力调节至 0.3MPa，氮气压力调节至 0.5MPa。
（8）检查乙二醇缓冲罐、导热油缓冲罐液位是否正常；乙二醇、导热油储罐是否有备用量；闪蒸罐液位计引液阀以及计量装置引压阀是否开启，所有自动控制设备的供电、供风是否正常。
（9）检查流程及阀门开闭位置是否符合要求。
① 进出脱水装置手动控制阀开启，自动截断阀开启。
② 脱水装置 J-T 阀关闭、上下游控制阀开启、旁通阀关闭。
③ 闪蒸罐压力调节阀关闭、上下游控制阀开启、旁通关闭。
④ 闪蒸罐液位调节阀关闭、上下游控制阀开启、旁通关闭。
⑤ 打开机械过滤器、活性炭过滤器进出口阀，旁通关闭。
⑥ 原料气分离器、高效分离器、闪蒸罐、重沸器、换热器、机械过滤器、活性炭过滤器的排污阀、放空阀、回收阀关闭。
（10）检查导热油循环系统畅通。
（11）检查空气呼吸器、消防灭火器材、通信工具齐全完好。
（12）报告调度室，装置检查完毕准备开车。

二、操作程序

（一）导热油炉循环

（1）缓慢打开导热油循环泵控制阀，启动循环泵开启导热油循环。

（2）导热油炉系统升温：导热油炉初始出口温度设置为50℃，然后控制导热油炉升温，温升不超过10℃/h，严禁加热过快，控制导热油系统出口温度，保持重沸器温度在120℃左右。

（二）灼烧炉点火

（1）检查燃料气引导火流程和主火流程：引导火控制阀开启，调节阀下游控制阀开启。
（2）按下"启动"键，按程序自动点燃引导火，点燃主火。
（3）检查并调节配风，确保火焰燃烧正常。

（三）启泵

打开乙二醇泵吸入、排出管路控制阀，启动乙二醇循环泵，根据生产需要设定并调整泵流量，单泵循环量为160~320L/h。

（四）装置建压、建液

（1）确认上游注采井开井，进脱水装置压力（高于出站压力2.5MPa）达到装置投用条件；在控制室手动轮换开启两套脱水装置J-T阀（开度10%~15%），让气流把乙二醇带入高效分离器，观察J-T阀前后压力和温度变化情况。
（2）根据装置处理量和处理前后温度、压差要求，适当调整J-T阀的开度，确保装置运行参数正常。
（3）当高效分离器液位达到设定值60%（420mm）时，高效分离器建液完成，将液位调节阀投入自动状态。

（五）闪蒸罐建液建压

闪蒸罐液位达到设定值60%（480mm），闪蒸罐压力达到0.4~0.6MPa时，闪蒸罐建液建压完成，将液位调节阀投入自动状态。

（六）检查控制回路并投入自动状态

（1）高效分离器液位控制回路（420mm）。
（2）闪蒸罐压力控制回路（0.4~0.6MPa）。
（3）闪蒸罐液位控制回路（480mm）。
（4）重沸器温度控制回路（120~129℃）。
（5）灼烧炉温度控制回路（600℃）。
（6）J-T阀前温度调节阀投入自动状态。

（七）运行参数调节

调整有关运行参数，化验干气露点合格（低于最低环境温度5℃以上）。

（八）收尾工作

（1）清洁工具用具、作好记录。

（2）联系调度室，开车进气完毕。

三、技术要求及注意事项

（1）原料气分离器排污操作时，应控制排污速度，避免排污过猛。

（2）J-T阀前后压差宜控制在2.0～2.5MPa，节流后温度宜控制在-10℃左右，J-T阀温度调节控制可投入自动状态。

（3）应重点监控高效分离器、闪蒸罐液位，防止翻塔或窜压。

（4）定期吹扫计量装置引压管，防止堵塞。

（5）及时根据工况调整导热油炉运行参数，确保乙二醇浓度富液控制在60%以上，贫液浓度控制在80%以上。

（6）导热油炉升温速度应控制在10℃/h以内。

（7）乙二醇pH值应控制在6～8。

（8）机械过滤器、活性炭过滤器差压大于30kPa时应及时清洗或更换滤芯。

（9）采气期产量较低时，应合理安排脱水装置运行时间，防止水合物在低洼处聚集造成管路堵塞。针对备用脱水装置，原则上每2d运行一次，每次运行时间不低于1h。

项目七 J-T 阀脱水装置停车操作

一、准备工作

（1）调度许可指令。
（2）工具："F"形扳手、护目镜、可燃气体检测仪、手套、乙二醇浓度检测仪等。

二、操作程序

（一）短期正常停车操作

1. 单套脱水装置停车操作

（1）根据处理气量的情况，观察进脱水装置压力，逐渐减小 J-T 阀的开度，直至进水装置压力不再上升的情况下，再关闭脱水装置 J-T 阀。
（2）停止相应乙二醇注入泵。
（3）注意观察高效分离器液位、闪蒸罐液位，防止液位超高。
（4）待高效分离器液位调节阀自动关闭后，关闭前端截断阀。

2. 再生系统保持热循环

（1）停车小于 48h，将导热油炉温度设定在 120℃继续循环，保持高效分离器、闪蒸罐、重沸器等系统的液位、压力在正常范围内，做好开车的准备。
（2）停车大于 48h，继续热循环，当贫液浓度达到 80% 时，停运导热油炉。
（3）继续热循环，当导热油炉温度降至 60℃时，停导热油循环泵。
（4）保持高效分离器、闪蒸罐、重沸器、缓冲罐等系统的液位、压力在正常范围内，做好开车的准备。
（5）保持仪表风压力，空压机等系统处于正常工作状态。

（二）紧急停车操作

（1）判断需要人工紧急停机的故障，同时应按照相应的突发事件应急处置措施进行处理。
（2）控制室按下控制端子柜上对应脱水装置紧急停车按钮。
（3）操作完成，汇报调度室。

（三）定期检修正常停车操作

（1）报告调度室，装置停止进气准备就绪。
（2）停止进气。
① 得到指令，开始操作。

②缓慢关闭脱水装置J-T阀，直至处理量为0。

③关闭脱水装置进出口气动截断阀。

④停止相应乙二醇注入泵。

（3）注意观察高效分离器液位、闪蒸罐液位，防止液位超高，待液位调节阀关闭后，再将液位调节阀设成"手动"状态。

（4）按照操作规程停运灼烧炉。

（5）按照操作规程停运导热油炉，导热油继续循环，待导热油温度降低到60℃时，停止导热油热循环，停止整个热循环系统。

（6）检查各控制、连锁回路倒入"手动"控制状态。

①高效分离器液位控制回路。

②闪蒸罐压力控制回路。

③闪蒸罐液位控制回路。

④重沸器温度控制回路。

⑤J-T阀前温度控制连锁。

（7）清洁工具、用具、场地，完善记录。

三、技术要求及注意事项

（1）导热油炉温度应降至60℃以下后再停止循环。

（2）紧急停车时，非全站停产，再生系统正常运行；全站停产，再生循环系统按照短期停车步骤进行。

项目八　液氮装置操作

一、准备工作

（1）工具：防冻伤手套、护目镜、耳塞、防爆扳手、警示标识。
（2）流程检查。
① 阀门开关正确。
② 仪表指示正常。
③ 安全阀处于投用状态。
④ 设备整体管路吹扫完成、缓冲罐内空气置换完成。

二、操作程序

（一）储罐首次充液

（1）连接液氮储罐与液氮槽车。
（2）确认上进液阀（双阀）、下进液阀（双阀）处于关闭状态。
（3）打开残液排液阀，由槽车液源向输液管充入少量液体，吹扫管线，清除管线中潮湿空气、灰尘杂质。
（4）吹扫完成，打开经济阀及测满阀，打开压力表阀，同时启动液面计（全开液上阀、液下阀，关闭平衡阀）。
（5）打开内筒放空阀，微开上部进液阀。
（6）待内筒放空阀稳定排气时，开大上部进液阀，加快充灌速度。
（7）待液位仪指示有液体时，打开下部进排液阀，关闭上部进液阀，改上部进液为下部进液。
（8）当测满阀喷出液体时，关闭下部进排液阀、槽车卸车阀、测满阀、经济阀，停止充液，观察内筒压力是否稳定，若稳定在规定值，关闭内筒放空阀。
（9）打开残液放空阀，排出残余气液后关闭残液放空阀。
（10）拆除充液管线。

（二）储罐补充液氮

与首次充液步骤基本相同，所不同的是不需要冷却内筒，吹扫充液管路后即可由下部进液阀进液。

（三）储罐内筒自增压

需要内筒压力升高时启用，增加压力视实际使用需要而定，但不得超过储罐的最大工作压力。

（1）确认排气阀全开。

（2）缓慢打开增压阀（前、后），使液体进入增压器气化。

（四）气化器操作

（1）关闭低温储罐下部排液阀，导通液氮储罐到气化器和缓冲罐管路上的截止阀，且保证安全阀和压力表处于工作状态，其余阀门均处于关闭状态。

（2）当低温液氮储槽内压力达到输液要求后，先全开液氮储罐排液上阀，再稍微打开一点液氮储罐排液下阀，液体缓慢流出，通过管道进入气化器，稳定一段时间后，继续缓慢打开液氮储罐排液下阀，同时观察各个压力表和温度表的显示值是否正常。

（3）调节低温减压阀使液氮缓冲罐压力达到 0.7MPa 后，打开出口阀，向外供氮气。

三、技术要求及注意事项

（1）低温工作状态下，严禁松开或紧固管道元件。

（2）使用过程中若存在泄漏，应停止运行并恢复常温后进行检修及维护。

（3）增压时，若排液速度较高，内筒压力下降，可降低增压阀开启度。

（4）不需要稳定内筒压力或停止向外供液时，应关闭增压阀。

（5）带压充灌时内筒压力不得高于储罐最高工作压力。

（6）操作时必须佩戴防冻伤手套、护目镜、耳塞，严防液氮飞溅，碰到皮肤或眼睛引起冻伤。

（7）操作所有的阀门启闭应缓慢，防止用力过大损坏阀门。当阀门冻结无法启闭时，应用热空气或热水加温解冻，严禁用硬物敲打、火烤或电加热。

（8）发现罐内压力上升异常，应立即将气体放空阀打开，并查明原因，防止超压出现事故。

（9）罐内充装率不得大于95%，防止罐内气相体积过小压力突升而引起安全事故。

（10）操作人员应熟悉设备工艺流程，各种阀门仪表、安全附件的作用和操作程序，充液和排液应严格按操作程序进行操作。

项目九　IRN37kW 空压机启停机操作

一、准备工作

（1）准备耳塞、护目镜、"F"扳手、手套。
（2）与中控室取得联系。
（3）冷却剂的油位在窥油孔的中线以上。
（4）排气隔离阀打开。
（5）打开主电气隔离开关，控制面板运行正常。

二、操作程序

（一）初始检查

（1）如果空压机获得初始的控制器电源或出现警报复位，则控制器将执行初始检查程序。当出现初始检查程序时，控制器会显示"报警"信息。
（2）在初始检查程序过程中，控制器将检查控制系统工作是否正常。如果故障则会产生警报并且空压机不会启动，需排除故障后重复步骤（1）。
（3）初始检查程序应在 30s 内完成，控制器显示"启动准备就绪"。

（二）启动

（1）按空压机的就地启动按钮或远程点击开机时，空压机将开始启动。
（2）启动空压机时两个放气阀都将断电，在无负载的情况下启动机组，空压机将自动加载至其最低运转速度。
（3）一旦达到最低运转速度，放气阀将通电，通过速度调节系统来控制运行压力，当系统压力达到设定压力时，电动机将降低转速运行，确保空压机在设定压力范围内运行。

（三）停机

（1）按紧急停机按钮或由于故障而停机，则控制系统将切断动力电源，空压机将立即停机。重新启动空压机前，必须将紧急停机复位或清除警报。
（2）当压力达到自动停机或立即停机的压力，或者按（本地或远程）停机按钮，空压机在机组排气放气阀打开的情况下运行 10s 后停机。

三、技术要求及注意事项

（1）在启机前，请检查空压机保护措施和流程倒换到位。

（2）空压机运行压力区间为 0.7~0.8MPa。

（3）在紧急情况下需要关闭空压机，按控制面板下端的（紧急停机）按钮即可。

（4）空压机运行期间宜采用一用一备，每日进行倒换机组，防止空压机机头长期停运受潮损坏。

项目十　DTY4000分体式压缩机组工况调整操作

一、准备工作

（1）材料：合格的进气阀总成、气阀密封平垫、气阀盖密封垫、润滑脂、密封脂、棉纱、毛巾、验漏液等。

（2）工具：盘车装置、注脂枪、活动扳手、扭力扳手、气阀拆卸专用工具、游标卡尺、铅丝、撬杠、梅花扳手、呆扳手、便携式可燃气体检测仪、振动检测仪、红外线测温枪、耳塞、护目镜等。

二、操作程序

（一）压缩缸单作用改为双作用

（1）得到调度指令并与技术人员取得联系。
（2）机组卸载停机，对压缩缸及工艺系统进行氮气置换。
（3）取下压缩缸上没有安装阀片和弹簧的进气阀总成，清洁进气通道。
（4）安装合格的压缩缸进气阀总成。
（5）对压缩缸及工艺系统进行氮气置换空气及天然气置换氮气。
（6）对压缩缸气阀的密封部位进行升压、验漏合格。
（7）启动压缩机组空载（小负荷）运行及加载运行，并观察机组运行状态。
（8）收拾工用具，清洁规范现场。
（9）完善资料及汇报调度室。

（二）压缩缸双作用改为单作用

（1）得到调度指令并与技术员取得联系。
（2）机组卸载停机，对压缩缸及工艺系统进行氮气置换。
（3）取下压缩缸进气阀总成，当改成缸头端单作用时取掉曲轴端进气阀的阀片和弹簧，当改成曲轴端单作用时取掉缸头端进气阀的阀片和弹簧。
（4）将取下了阀片和弹簧的进气阀总成，重新装回到压缩缸内。
（5）对压缩缸及工艺系统进行氮气置换空气及天然气置换氮气。
（6）对压缩缸及工艺系统进行升压、验漏合格。
（7）启动压缩机组空载（小负荷）运行及加载运行，巡检并观察机组运行状态。
（8）收拾工用具，清洁规范现场。
（9）完善资料及汇报调度室。

（三）压缩缸并联改串联（图1-1）

(1) 接到调度指令并与技术员取得联系。

(2) 在停机状态下，打开一级冷却器和二级进气分离器间的控制阀（②号阀）。

(3) 关闭一级、二级进气分离器间旁通阀（①号阀）。

(4) 关闭一级冷却器出口端与二级冷却器出口端的控制阀（③号阀）。

(5) 启机小负荷运行并加载，巡检并观察机组运行状态。

(6) 清洁工具、用具、场地。

(7) 完善资料，汇报调度室。

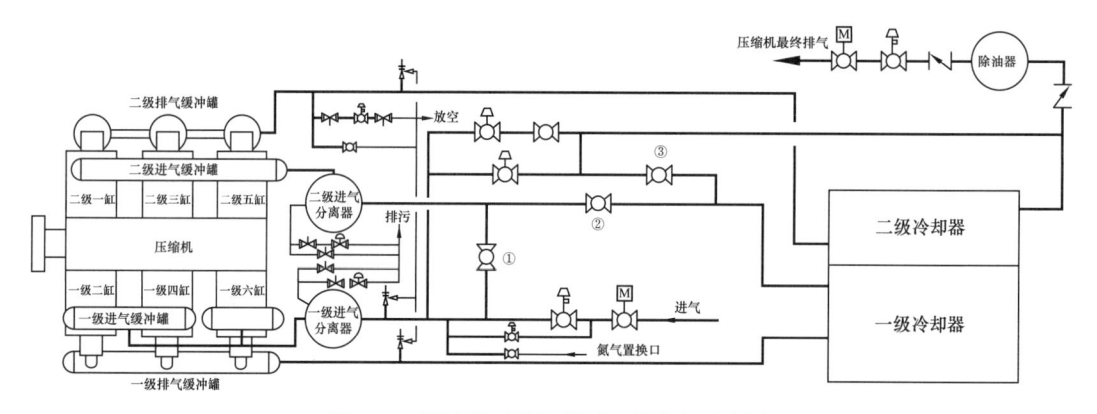

图1-1 压缩机天然气增压工艺流程示意图

（四）压缩缸串联改并联（图1-1）

(1) 接到调度指令并与技术员取得联系。

(2) 在停机状态下，打开一级、二级进气分离器间旁通阀（①号阀）。

(3) 打开一级冷却器出口端与二级冷却器出口端的控制阀（③号阀）。

(4) 关闭一级冷却器和二级进气分离器间的控制阀（②号阀）。

(5) 启机小负荷运行并加载，巡检并观察机组运行状态。

(6) 收拾工用具，清洁规范现场。

(7) 完善资料及汇报调度室。

（五）余隙调整

(1) 接到调度指令并与技术员取得联系。

(2) 在停机（卸载）状态下调整。

(3) 在PLC上开或关余隙开关。

(4) 启机小负荷运行并加载运行，巡检并观察机组运行状态。

(5) 收拾工用具，清洁规范现场。

(6) 完善资料及汇报调度室。

三、技术要求及注意事项

（1）产生的固体废物，如阀片、弹簧、密封件等需按照固废处置规定进行处置。

（2）所有机组设备设施安装间隙必须符合DTY4000压缩机组说明书要求。

（3）工况调整不能带负荷操作。

（4）流程倒换应遵循先开后关原则。

（5）工艺管线阀门状态改变后应及时对开关指示牌进行更新。

（6）如果在旋松法兰、封头、阀盖或橇上的螺栓前，未对压缩机完全排气，则可能造成严重的人身伤害和财产损失。

（7）进气阀和排气阀的不正确安装可能造成严重的人身伤害和财产损失。

（8）在拆卸任何一个阀盖前，所有螺栓松开3mm，确保阀盖松动，请确认压缩机气缸中的所有压力都已完全泄压。

（9）在装气阀垫片应涂抹抗咬合润滑剂，防止垫片掉落。

（10）拧紧气阀盖时应对角拧紧，严格按照要求的扭矩值紧固。

（11）确保所有零部件、垫片表面及配合面完全干净；安装螺栓时在螺纹上涂上干净、新鲜的机油。

（12）在打开设备维护前必须隔离系统并上锁挂牵。

（13）操作过程中如遇异常情况应按相关预案进行处置。

（14）仪表风压力保持在0.4~0.8MPa，如果仪表风压力过低或控制阀未打开，压缩缸可调余隙无法动作，余隙全开或全关可通过压缩缸头指示器直观判断。

（15）工况调整前后须根据压缩机组运行参数进行核算，须在机组允许范围内才能进行调整。

项目十一 DTY4000 分体式压缩机组启机操作

一、准备工作

（1）材料：毛巾、验漏液。

（2）工具：对讲机、活动扳手、平口螺丝刀、可燃气体检测仪、手持终端、振动检测仪、红外线测温枪、清洁工具。

二、操作程序

（一）机组状态检查操作

（1）目视检查各部件螺栓紧固情况。检查电动机和压缩缸连接螺栓、检查联轴器螺栓、机身与机座、机座与底座、底座与基础等连接螺栓，应无缺、裂和松动。

（2）检查冷却系统。检查防冻液液位，防冻液管路、泵、冷却液管束、夹套等无泄漏；各阀门均应开启，系统通畅且无空气阻塞；气管束箱无异常；风扇轴承、空冷器电动机轴承无异常；风扇固定牢靠。

（3）检查仪表控制系统。合上电气控制柜电源开关，检查压力、温度、振动有无上下限，仪表的显示、一次仪表及其他超限安全保护装置设置及接线正确，线路无松脱、接地；保护参数值设置按照要求设置。机组若是报警停机，判断并排除故障后，方可重新启动机组。

（4）检查润滑系统。检查油位及油质符合技术要求，润滑油压力管路无松脱、破损，系统畅通、无泄漏、无气阻，注油器单泵密封性良好。检查曲轴箱润滑油温度，温度低于30℃，启动润滑油外循环泵及加热器进行加热。

（5）高压电动机及软启动装置。检查电动机监控器有无报警，电动机滑动轴承油位在观察窗 1/2～2/3 高度，电源电压达到 9～11kV，吹扫气压力在 300kPa 以上。软启动装置正常，启动开关置于远程状态。

（6）压缩工艺系统检查及准备。工艺气系统打开作业后，启机前应先进行置换，按照西南油气田分公司《往复活塞式天然气压缩机组介质置换和空载（小循环）运行技术规定（暂行）》用压力稀释法对压缩机组进行置换。根据压缩机机组阀门控制逻辑，机组进气电动阀开启、气动阀关闭，加载旁通气动阀开启。

（7）确认各项检查合格。必须确认机组启动前的各项检查和准备工作合格后，才能启机。

（8）冷却水泵、润滑油泵、空冷器置于"自动"位置，主电机置于"开"状态。

（二）机组启机加载操作

（1）主画面（启动顺序）操作。

(2)按动"启动"绿色键,开启进气阀门旁通阀,压缩机组开启进气,加压到机组设置的最低允许启机压力。

(3)按动"自动口吹扫"紫色键,自动吹扫开始,机组开启进气阀,关闭进气旁通阀,开启放空阀,进行吹扫。

(4)吹扫完成后,按动"吹扫完成"绿色键。

(5)预润滑开始60s后10kV主电动机启动。

(6)预润滑结束后,电动机启动,机组开始预热,当润滑油温度达到35℃,程序允许加载。

(7)按动"加载"绿色键,机组开始加载,加载旁通阀关闭,加载节流阀从开度100%向0逐渐关闭。

(三)收尾工作

确认机组运转正常,在就地PLC控制柜上将"备用"标示牌更换为"在用",做好运转记录,清扫场地。

三、技术要求及注意事项

(1)启机前先要向调度室申请启机操作,获得同意后方可操作。

(2)启机前要联系变电站确认所操作机组处于热备状态,检修、停电后的机组还要由集注站填写送电申请给110kV变电站,由110kV变电站负责送电。

(3)启动机组时,至少有两人参与,控制柜必须有人操作,若出现故障应立即停机,以避免机组损坏。

(4)当压缩机在启机中突然发生以下情况之一时,需实行人工紧急停车。

① 轴承温度超过规定值,经调整无效且继续剧升。

② 压缩机进排气系统、润滑系统或冷却系统突然损坏,严重漏气、漏水、漏油。

③ 压缩机主要的零部件或运动部件损坏,或压缩机突然发生异常振动和异常响声。

④ 压缩机安全控制参数超过规定值或已发生危及设备或人身安全的故障,以及仪表控制系统失灵未起安全保护作用时。

⑤ 使用现场出现着火爆炸事故。

⑥ 进站工艺系统发生故障或其他原因需要紧急停车。

(5)曲轴箱润滑油温度要达到30℃以上,才允许启机操作。

(6)在非特殊情况下禁止无负荷长时间空运压缩机,一般情况下不允许超过2h。

项目十二　DTY4000分体式压缩机组正常停机操作

一、准备工作

（1）材料：毛巾、验漏液。

（2）工具：对讲机、活动扳手、平口螺丝刀、可燃气体检测仪、手持终端、振动检测仪、红外线测温枪、清洁工具。

二、操作程序

（1）在PLC柜主画面上，进入"启动顺序"画面，按下"卸载"键，机组加载旁通阀和节流阀，慢慢开启由0至100%，加载旁通节流阀全开后，加载旁通阀随之全开。

（2）按下"停机"键，机组按程序完成冷机、润滑、放空、停机，如放空阀出现故障，则需人工进行放空。

（3）根据压缩机组控制逻辑核实阀门正确开关状态，停机后检查各执行机构动作情况。

（4）在就地仪表柜处挂牌，如是停机保养或检修时，"在用"更换为"检修"。将就地仪表柜面板电源开关倒为"OFF"状态并上锁、挂牌，对机组进排气、排污、放空系统进行阀门关闭，关闭辅助电动机的电源开关并上锁挂牌。

（5）如果机组需长期停用或主电动机需检修，除执行上述操作以外，还要由集注站填写停电申请给110kV变电站，由110kV变电站负责断电。

三、技术要求及注意事项

（1）停机前先要向调度室申请启机操作，获得同意后方可操作，倒换机组时应先启机后停机，先卸载后加载。

（2）停机组时，至少有两人参与，控制柜必须有人操作，若出现故障应立即停机，以避免机组损坏。

（3）当压缩机在运行中突然发生以下情况之一时，需实行人工紧急停车。

①轴承温度超过规定值，经调整无效且继续剧升。

②压缩机进排气系统、润滑系统或冷却系统突然损坏，严重漏气、漏水、漏油。

③压缩机主要的零部件或运动部件损坏，或压缩机突然发生异常振动和异常响声。

④压缩机安全控制参数超过规定值或已发生危及设备或人身安全的故障，以及仪表控制系统失灵未起安全保护作用时。

⑤使用现场出现着火爆炸事故。

⑥进站工艺系统发生故障或其他原因需要紧急停车。

第二章
电力操作技能

项目一　CSC2000 变电站综合自动化系统操作

一、准备工作

安装有 CSC2000 变电站综合自动化系统的操作站一台。

二、操作程序

（一）系统启动、登录

（1）点击服务器启动图标启动服务器。
（2）点击 CSC2000 软件启动图标启动系统。
（3）进入系统后，自动弹出登录窗口，输入账号密码进入系统。

（二）退出系统、用户注销

点击系统左下方"开始"，选择"退出"或"用户注销"，在弹出的窗口中输入账号密码后可退出系统或注销用户。

（三）设备倒闸操作

（1）在微机防误操作系统的电脑钥匙上点击远程操作。
（2）在系统上点击需要进行倒闸操作的开关双编号的文字，进入倒闸操作界面。
（3）点击需要操作的设备（断路器、断路器手车、隔离开关或中性点接地刀闸），弹出操作窗口，先点击"操作人验证"，选择操作人账号并输入登录密码，再点击"遥控预置"，待右侧垂直的进度条由下往上自动读完后并显示 100% 后，点击"遥控执行"，操作成功后设备的分合状态发生相应的变化（分位变为合位或合位变为分位）。

（四）主变有载调压

主变有载调压是对主变二次侧电压进行调整。

（1）确认 10kV 母线电压偏高或偏低，需要对电压进行调整。
（2）在系统上点击正在运行的主变，进入主变接线图界面。
（3）点击主变旁边的"升"或"降"图标，弹出操作窗口，先点击"操作人验证"，选择操作人账号并输入登录密码，再点击"遥控预置"，待右侧垂直的进度条由下往上自动读完后并显示 100% 后，点击"遥控执行"，操作成功后主变的挡位发生相应的变化（升挡后挡位数字减一，降挡后挡位数字加一）。
（4）有载调压按照"高往高调、低往低调"的原则进行，若变压器目前挡位处于 5 挡，电压偏高，则将挡位调高，升至 4 挡，调整后若电压还是偏高，则将挡位继续往上调；若变压器目前挡位处于 5 挡，电压偏低，则将挡位调低，降至 6 挡，调整后若电压还是偏低，则将挡位继续往下调。

（5）有载调压完成后，应同时确认主变测控保护柜及变压器现场显示的挡位，确保系统、主变测控保护柜及现场 3 个挡位一样，若不一样应立即开展故障排查。

（五）电笛、电铃测试

（1）在系统右上方点击"电笛测试"，音响发出电笛的声音，点击"音响复归"，声音消失，证明测试成功。

（2）在系统右上方点击"电铃测试"，音响发出电铃的声音，点击"音响复归"，声音消失，证明测试成功。

（六）设备挂牌及摘牌

1. 设备挂牌

在系统中找到要挂牌的设备，右键选择"设备挂牌"，在弹出的界面左侧选中挂牌的文字内容，点击中间的"挂牌"，挂牌文字内容出现在右侧，证明挂牌成功。

2. 设备摘牌

在系统中找到要摘牌的设备，右键选择"设备摘牌"，在弹出的界面右侧选中摘牌的文字内容，点击中间的"摘牌"，摘牌文字内容出现在左侧，证明摘牌成功。

（七）清闪操作

1. 单个清闪

当系统出现图标闪烁时，单击右键在弹出菜单中选择清闪，即可对图标进行清闪。

2. 批量清闪

当系统出现多个图标闪烁时，可点击系统右上方的"全站清闪"，点击后图标停止闪烁。另外，还可通过系统右键菜单的"画面清闪"和"全站清闪"进行清闪操作。

（八）信息查询

信息类型主要包括遥测、遥信、遥控/遥调、SOE、保护事件、保护告警、保护管理、通信、VOC、开关到刀闸动作、检修及其他信息。信息查询有两种方式，第一种是查询近期信息，第二种是查询历史信息。

1. 查询近期信息

在系统主接线图上方点击需要查询信息类型的文字图标，可查询最新发生的信息。

2. 查询历史信息

在系统主接线图右上方点击"报警查询"，系统自动弹出查询窗口，在查询窗口左上方选择需要查询的设备及报警类型，在左下方选择查询的起始和终止时间，确认后点击"查询"，右侧会显示出需要查询的历史报警。

（九）报表查询

（1）在系统主接线图右上方点击"报表"，在弹出的查询界面中点击报表名称可查询到相应的电流、电压、功率因数等数据。

（2）在系统主接线图右上方点击"电度表"，在弹出的查询界面中可查看所有电度表的数据。

三、技术要求及注意事项

（1）操作人员应按照操作权限进行操作，严禁超权限操作。

（2）设备倒闸操作需要先在微机防误操作系统中进行模拟操作后再进行，否则无法操作。

（3）有载调压"往高调""往低调"中的"高""低"指的是变压器挡位的高低，不是数字的高低，挡位高低与数字高低是相反的，数字越小，挡位越高；数字越大，挡位越低。

项目二 JOYO-J 微机防误操作系统操作

一、准备工作

JOYO-J 微机防误操作系统操作站 1 台。

二、操作程序

（一）系统启动、运行及结束

1. 启动

双击"卓越集控 PC 客户端"快捷菜单启动系统。

2. 界面介绍

系统界面分为三个区域，包括快速访问工具栏、菜单栏、工具栏。

3. 用户登录和注销

（1）单击"用户登录"图标，弹出用户登录窗口，在窗口中选择或直接输入用户名，在密码输入框内输入用户密码，登录后系统左下方将显示登录人姓名。

（2）系统无操作时，单击工具条上的"注销用户"按钮便可注销用户。

4. 退出系统

单击"退出系统"图标，选择弹出的对话框中的"是"即可退出本系统。

（二）增加用户和修改密码

1. 增加新用户

在菜单的"基本配置"下点击"用户定义"按钮，打开用户管理菜单，左边窗口可定义用户名，右边窗口选择用户角色，下方输入密码，保存后即增加用户成功。

2. 密码修改

在菜单的"基本配置"下点击"修改密码"按钮，输入原密码和新密码后，点击确认，退出密码更改窗口，更改生效。

（三）操作票的开出与结束

1. 设备对位

开出操作票之前应确保设备系统状态与现场状态一致。

2. 开操作票

（1）单击系统菜单"开始任务"下的工具栏里的"并行任务"按钮，系统将进入开票界面。

（2）系统默认按状态开票，开票过程必须遵守五防逻辑。

（3）如果想撤销已经加入的一次操作或提示项，可单击工具条中的"操作回步按钮"。

（4）开票过程中，如果想对操作票进行修改，点击工具栏"修改"按钮，进入操作票修改界面，在操作票修改界面左侧窗口，可以直接用鼠标选取某操作项，然后拖动到需要位置，从而调整操作票的操作项顺序，点击下方"保存"按钮，即可保存对操作票的修改，点击"结束"按钮，则系统自动保存并退出操作票修改界面。

（5）在操作任务按操作规程完成后，点击工具栏"结束"按钮，则系统完成本次开票工作，自动进入所开操作任务的浏览界面。

（6）点击"打印"按钮，进行操作票打印，点击"传票"按钮，该操作票就会通过传输适配器传到电脑钥匙上，同时提示传票成功。

3. 操作票的结束

当一张操作票传送到电脑钥匙后，该操作票中所要操作的设备状态成为待操作状态，结束操作票的方式有三种，分别是电脑钥匙回传、操作票回填和清票。正常使用情况下应使用电脑钥匙回传来结束操作票。

（四）现场操作

1. 正常解锁操作

（1）机械编码锁设备的操作：根据电脑钥匙提示操作的设备，将电脑钥匙插入相应的机械编码锁中进行识别，如正确则电脑钥匙内部闭锁机构解除，同时提示"正确，请操作"。此时按下开锁按钮，即可打开机械编码锁，进行倒闸操作。错误时则会提示"错误，请检查"，防止误操作。

（2）电编码锁设备的操作：根据电脑钥匙提示操作的设备，将电脑钥匙插入相应的电编码锁中进行识别，正确时电笛鸣叫两声，显示屏显示"电编码锁解锁可以操作"。

（3）远方对断路器进行遥控操作时，应将电脑钥匙插回到传输适配器传输口，选择电脑钥匙上的"远方"选项，进行操作。

2. 电脑钥匙跳步操作

当锁具出现异常，用电脑钥匙不能解锁，经电力调度批准后，进行强制解锁操作，而电脑钥匙仍显示当前项，需要电脑钥匙跳过本项，以便于后续的正常操作。

（1）依次点击电脑钥匙中的"辅助功能"、"特殊操作"、"跳步操作"选项。

（2）将电脑钥匙插入跳步钥匙内，电脑钥匙将进行跳步钥匙识别，大约5s后，电脑钥匙屏幕将显示"跳步成功"字样。

3. 应急解锁操作

（1）将机械解锁钥匙插入机械编码锁中旋转90°，即可打开机械编码锁。

（2）将电解锁钥匙插入电编码锁中，闭锁回路即被短路，可进行断路器操作。

（3）应急解锁操作后，应及时利用JOYO-J型系统中的设备状态设置功能进行设置，使计算机中显示的设备状态与现场保持一致。

三、技术要求及注意事项

（1）在倒闸操作期间尽量不进行以上操作。
（2）操作人员应按照操作权限进行操作，严禁超权限操作。

项目三　电脑钥匙操作

一、准备工作

iKeyM-1 电脑钥匙 1 套。

二、操作程序

（一）开机

（1）首先检查电脑钥匙电池电量是否充足，如果电脑钥匙电池电量过低，则不能开机，请用户执行第二步操作。

（2）把电脑钥匙放到电脑钥匙充电器上，并检查电脑钥匙放置位置是否正确，接触是否可靠。

（3）轻触电脑钥匙面板上的"on/off"键，电脑钥匙会发出"嘀"的声音并显示动态LOGO画面，稍后会进入待机界面。

（二）关机

（1）在电脑钥匙开机后的任何状态，按压电脑钥匙面板上的"on/off"键开关不放，大约3s，电脑钥匙发出"嘀嘀"的声响，此时松开该按键，电脑钥匙自动关闭电源开关。

（2）按下电脑钥匙面板上的"Enter"键，选择快捷菜单中的"关机"，确认后即可完成快速关机操作。

（三）菜单使用

在待机界面下，按下"主菜单"键则进入主菜单界面。

（四）钥匙自学

（1）将电脑钥匙放入传输适配器。

（2）在主菜单下选择"辅助功能"，然后选择"钥匙自学"选项。

（3）电脑钥匙开始接收自学数据，当进度条读满，电脑钥匙对所接收数据进行处理并存储。

三、技术要求及注意事项

电脑钥匙使用结束后应放置在传输适配器上自动充电及传输数据。

项目四　110kV 主电源与 10kV 保安电源倒换操作

一、准备工作

（1）检查 10kV 保安电源开关柜，进线电缆应带电，检查后台系统与现场设备状态应一致。

（2）工具：绝缘手套 1 双、手车操作摇柄 1 把、接地刀闸操作手柄 1 把、微机防误操作系统电脑钥匙 1 把。

二、操作程序

（一）110kV 主电源倒换为 10kV 保安电源

（1）将 10kV Ⅰ段、Ⅱ段母线开关停电。
（2）将主变由运行转为冷备状态。
（3）将 10kV 母联开关柜由运行转为冷备状态。
（4）合上 10kV 保安电源开关，对 10kV Ⅱ段母线充电。
（5）恢复 10kV Ⅱ段开关柜送电。

（二）10kV 保安电源倒换为 110kV 主电源

（1）将 10kV Ⅱ段开关柜停电。
（2）将 10kV 保安电源停电。
（3）将 10kV 母联投入运行。
（4）将主变由冷备转为运行状态。
（5）恢复 10kV Ⅰ段、Ⅱ段开关柜送电。

三、技术要求及注意事项

（1）操作 10kV 电容器开关柜时应遵循"先停后送"的原则，即：停电时，先断开 10kV 电容器开关；送电时，最后合上 10kV 电容器开关。

（2）操作主变时，应先合中性点接地刀闸；送电时，应先将主变 10kV 侧开关柜手车推至"运行"位置，再合高压侧开关。

项目五　双变压器与单台变压器带负荷倒换操作

一、准备工作

摇柄 1 把、绝缘手套 1 双。

二、操作程序

变压器额定电压为 10kV/0.4kV，名称为 1 号、2 号变压器，分别带低压 I 段、II 段负荷，I 段、II 段之间有母联断路器。该操作的主要目的是当其中一台变压器检修时，另外一台变压器可继续带所有负荷，确保供电连续性。

（一）双变压器分段带负荷倒换为 1 号变压器带两段负荷

（1）手动断开 2 号变压器所带 II 段的重要负荷（如空压机、消防泵等）。

（2）将 2 号变压器前端开关柜由运行转为检修状态（110kV 变电站倒闸操作）。

（3）手动断开 2 号变压器低压进线断路器 QF2（母联断路器 QF3 利用备自投功能自动合上），使用摇柄将断路器手车摇至试验位置。

（4）手动合上 II 段已断开的重要负荷，检查电压、电流、电源指示灯是否正常。

（二）1 号变压器带两段负荷倒换为双变压器分段带负荷

（1）手动断开 II 段的重要负荷（如空压机、消防泵等）。

（2）将 2 号变压器前端 10kV 开关柜由检修转为运行状态（110kV 变电站倒闸操作）。

（3）检查 2 号变压器运行是否正常，检查 II 段进线柜电压是否正常。

（4）使用摇柄将 II 段进线柜断路器 QF2 手车摇至运行位置。

（5）手动断开 I 段、II 段之间的母联断路器 QF3。

（6）II 段进线断路器 QF2 因备自投功能自动合上，检查 QF2 确在合位。

（7）手动合上 II 段已断开的重要负荷，检查电压、电流、电源指示灯是否正常。

三、技术要求及注意事项

（1）正常运行时 I 段、II 段进线断路器 QF1、QF2 均处于合位，分别带 I 段、II 段负荷，母联断路器 QF3 处于分位，QF1、QF2 利用 QF3 互为备用。

（2）操作时应一人操作、一人监护，严禁单人操作。

（3）为防止反送电，在停电变压器进线柜处应上锁挂牌。

项目六　变压器呼吸器硅胶更换操作

一、准备工作

（1）材料：干燥硅胶若干。
（2）工具：开口扳手17in、19in各1把，平口螺丝刀1把，干净毛巾1张，吸油纸1卷。
（3）办理变电站第二种不停电工作票，向调度申请退出"本体重瓦斯起动跳闸"、"有载重瓦斯起动跳闸"硬压板，将主变瓦斯保护改为发信号运行方式。

二、操作程序

（一）拆除呼吸器

松开呼吸器与油枕呼吸导管连接处四个螺丝，取下呼吸器（注意应从底部托扶住呼吸器，避免其掉落破损）。随即用崭新、干燥的毛巾包住呼吸导管，以免空气及杂质直接进入油枕。

（二）拆除呼吸器油罐

45°斜向放置呼吸器，使用平口螺丝刀逆时针方向揠松呼吸器底部旋盘（带6个小孔），旋转取下油罐，再松开两个小螺母，以取下小玻璃筒（以油清洗油罐）。

（三）拆除护罩

（1）将拆下的呼吸器平放在地上，使用17in开口扳手拆除螺栓。
（2）依次拆下底板、密封件及玻璃罩。
（3）使用19in开口扳手拆除拉杆螺栓。
（4）使用扳手轻轻敲打法兰边缘，将法兰与玻璃罩分离。

（四）拆除硅胶罐顶盖

旋开并取下长螺杆，竖向放置呼吸器，将顶盖向上提起则打开硅胶罐（如用玻璃胶封过的，先用小刀将玻璃胶密封部刮开，切记不可用蛮力）。

（五）更换硅胶

（1）拆除固定法兰，将变色的硅胶倒在毛巾上。
（2）检查密封件应完好，将呼吸器倒立，倒入新硅胶。

（六）呼吸器回装及检查

（1）呼吸器回装与上述拆除步骤相反（大玻璃筒内油位比最低油位高1cm，底部小玻璃筒浸入大玻璃筒油内）。

（2）呼吸器检查。① 检查呼吸器密封胶是否严密（透明罐的上下连接部分最好用玻璃胶加封）。② 检查主变本体放油阀是否关紧，无漏油。③ 观察轻瓦斯继电器小窗应充满油；④ 主变本体运行1h后，检查轻瓦斯继电器应无气体分隔。⑤ 将检查结果汇报调度，并根据调度命令投入"本体重瓦斯起动跳闸"、"有载重瓦斯起动跳闸"硬压板，恢复主变瓦斯保护正常运行（如发现有气体应如实汇报并等待检修人员来处理）。在恢复后的48h内应密切留意以下地方：轻瓦斯继电器小窗有无气体。⑥ 检查新更换的硅胶颜色，底部小罐内有无油进入。⑦ 用吸油纸清理干净更换后的吸湿器外部残留油，更换吸湿器及放油嘴底下的鹅卵石，以便检查有无渗漏油的情况存在。

三、技术要求及注意事项

（1）更换硅胶应在天气良好，空气湿度小时进行，并注意保持与带电部分的安全距离。拆掉呼吸器后应立即将呼吸管头用干净塑料纸包扎，严防潮气进入。

（2）更换时应将油杯内的绝缘油更换，并加入足量合格的新油，以保证绝缘油能够有效地进行滤尘。

（3）更换硅胶时应退出主变本体（调压）重瓦斯保护，如主变内部形成负压时，更换硅胶会造成瓦斯误动作。

（4）更换硅胶时应做好自我防护，若硅胶进入眼中，需用大量的水冲洗，并尽快找医生治疗。蓝色硅胶由于含有少量氧化钴，有毒，应避免和食品接触和吸入口中，如发生中毒事件应立即找医生治疗。

（5）换下来的硅胶应妥善存放，防止造成土壤、大气污染。存量较大时，可用大勺翻炒加热烘干，可继续使用，以降低运行费用。脱附再生的温度应不超过120℃，否则会因显色剂逐步氧化而失去显色作用。

项目七　软启动装置操作

一、准备工作

准备手车摇柄1把、绝缘手套1双。

二、操作程序

（一）软启动"一拖二"启动压缩机

以1#软启动器"一拖二"启动1#电动机的操作步骤为例，只涉及供电部分。

（1）将1#软启动936、1#电动机旁路935断路器转为热备用状态。选择确认1#软启动936、1#电动机旁路935断路器开关柜上操作位置旋钮均置于"远方"。

（2）确认1#、2#隔离小车柜间的联络小车处于"试验位置"（保证"一拖二"）。

（3）将1#隔离小车柜小车推入"工作位置"。确认柜体面板上的操作选择旋钮置于"远方"和"软起"。

（4）将MVQS2-1切换开关柜内1#电动机真空接触器KM1推入"工作位置"。

（5）通过压缩机就地PLC控制柜操作1#软启动器启动1#电动机。

（二）软启动"一拖四"启动压缩机

以1#软启动器"一拖四"启动3#电动机的操作步骤为例，只涉及供电部分。

（1）将1#软启动936、3#电动机旁路932断路器转为热备用状态。选择确认1#软启动936、3#电动机旁路932断路器开关柜上操作位置旋钮均置于"远方"。

（2）检查确认2#隔离开关柜小车处于"试验位置"。

（3）将1#、2#隔离小车柜间的联络小车推入"工作位置"（保证"一拖四"）。

（4）将1#隔离开关柜小车推入"工作位置"。确认柜体面板上的操作选择旋钮置于"远方"和"软起"。

（5）将MVQS2-2切换开关柜内3#电动机真空接触器KM3推入"工作位置"。

（6）通过压缩机就地PLC控制柜操作1#软启动器启动3#电动机。

三、技术要求及注意事项

（1）8台电驱式压缩机均由中压软启动器启动。正常情况下采用"一拖二"方案，1#软启动器控制1#、2#压缩机的启动，2#软启动器控制3#、4#压缩机的启动，即用4台软启动器控制8台压缩机启动。同时为了实现2台软启动器的互为备用，增加一台隔离开关柜（联络柜），通过手动切换实现对压缩机的"一拖四"启动。

（2）1#、2#、3#、4#软启动断路器开关柜（软启动电源）及1#、2#、3#、4#、5#、6#、

$7^#$、$8^#$ 电动机旁路断路器开关柜（压缩机正常工作电源）装设在变电站 10kV 配电室，$1^#$、$2^#$、$3^#$、$4^#$ 软启动器及相关配电柜装设在变电站 10kV 软启动室内，控制压缩机启停的就地 PLC 控制柜安装在压缩机现场。

（3）$1^#$、$2^#$、$3^#$、$4^#$ 软启动断路器及 $1^#$、$2^#$、$3^#$、$4^#$、$5^#$、$6^#$、$7^#$、$8^#$ 电动机旁路断路器的分合闸操作（即启停压缩机）必须在就地 PLC 控制柜上进行。

项目八　断路器、隔离开关远程/就地切换操作

一、准备工作

准备电解锁钥匙、机械解锁钥匙各一把。

二、操作程序

（一）断路器远程/就地切换操作

1. 远方操作

将"远方/就地"切换把手置于"远方"位置，在主控室变电站综合自动化系统可实现断路器远方分、合闸操作。

2. 就地操作

（1）将"远方/就地"切换把手置于"就地"位置。
（2）将电解锁钥匙插入对应五防电编码锁中。
（3）切换"分/合"操作把手，实现断路器就地分、合闸操作。

（二）隔离开关远程/就地切换操作

以 GIS 设备为例说明其隔离开关（包括接地开关）"远方/就地"切换操作。

1. 远方操作

将"远方/就地"切换把手置于"远方"位置，实现隔离开关（包括接地开关）远方分、合闸操作。

2. 就地操作

（1）插入对应机械解锁钥匙，将"远方/就地"切换把手置于"就地"位置。
（2）将电解锁钥匙插入对应五防电编码锁中。
（3）插入对应机械解锁钥匙，将"联锁/解锁"开关置于"解锁"位置。
（4）按压分、合闸按钮，实现隔离开关（包括接地开关）就地分、合闸操作。

三、技术要求及注意事项

（1）断路器、GIS 隔离开关（包括接地开关）以远方操作为主。
（2）电解锁钥匙、机械解锁钥匙的使用必须执行批准登记，避免误操作。

项目九 高压无功自动补偿装置运行操作

一、准备工作

高压无功自动补偿装置一台。

二、操作程序

（一）实时数据窗口

无功补偿控制器设置了三种模式供用户使用，操作方法如下。

（1）按下【确定键】，当前运行模式栏将反白显示。

（2）此时按下【左键】或【右键】将切换到其他模式，其他模式将反白显示。

（3）按下【确定键】完成模式切换。

（4）运行模式为控制器正常工作模式，不需要人工干预，自动完成采样、计算、投切输出。在系统投切状态区绿色空心标志表示该路电容未投入运行，红色实心标志表示此路电容已投入运行。

（5）当手动测试设备时，需要切换到调试模式，此时可以按下【左键】和【右键】切换选中的电容组，被选中的电容将有黄色的醒目方框标示，在选中某路后按下【上键】将手动投入此路电容，【下键】将手动切除此路电容。如果此路电容显示灰色"×"标志，表示监测到此路电容故障或未使用，将不能对此路电容手动投切。

（6）智能模拟为方便用户不用手动进行测试，智能模拟模式可根据设定的投切延时依次将每一路电容进行先投入、再切除的动作。按下【返回键】即可取消模式切换或退回到系统菜单窗口。

（二）实时波形窗口

依次由系统菜单窗口进入实时波形显示窗口。

（1）波形选择，复选框指示了是否在波形显示区显示该项的实时波形。

（2）更新/暂停显示，可以暂停波形的更新，方便用户观察当前波形。

（3）投切状态，显示了当前的投切状态（红色代表投入，绿色为未投入，灰色表示此路闭锁）。

（4）实时数据，显示系统当前的数据，如果某项数据显示为红色，表示此项数据异常。

（5）波形显示区，显示实时的电压、电流采样波形。

（三）数据记录窗口

由系统菜单窗口进入数据记录窗口，它包含四个子菜单，分别为时间记录、整点数据、趋势图形和存储管理。

（四）报警记录窗口

由数据记录窗口进入报警记录窗口。

（1）过滤条件，选择要查询的记录发生时间和记录类型。

（2）筛选结果，查询结果的显示区。

（3）总数/进度，显示本类型结果的总数和载入的进度。

（4）按下【返回键】将返回到系统菜单窗口。

（5）操作步骤举例（查询某天过压记录）。

① 通过【左键】和【右键】移动红色选中框到时间项上，通过【上键】和【下键】更改时间值。

② 移动红色选中框到类型筛选项上，通过【上键】和【下键】更改类型为过压记录。

③ 移动红色选中框到查看按钮上，按下【确定键】，即可载入此日期的过压记录结果（如果结果数量较多，可通过【左键】和【右键】进行翻页操作，但此时必须确保选中框在查看按钮上）。

三、技术要求及注意事项

对电容器的投入、切除测试应在每次检修投入运行前进行。

项目十 低压备自投装置运行操作

一、准备工作

低压备自投装置一台。

二、操作规程

(一) NZ801P 数字式备自投保护测控装置充电

(1) 检查数字式备自投保护测控装置处于运行状态,"运行"指示灯闪烁。

(2) 检查母联柜上"手动/自动"转换开关处于"自动"位置。

(3) 检查母联柜上"闭锁备自投"压板处于取下状态。

(4) 检查Ⅰ进线、Ⅱ进线断路器 QF1、QF2 处于合位,Ⅰ进线、Ⅱ进线三相电压正常。

(5) 将母联断路器 QF3 推至"运行"位置,检查"分闸指示"灯常亮,"储能指示"灯常亮。

(6) 数字式备自投保护测控装置经整定时间后充电完成,"充电"指示灯常亮。

(二) 自投动作过程

(1) 充电完成后,Ⅰ进线(或Ⅱ进线)三相失压,电压值小于数字式备自投保护测控装置设置的无压定值时,Ⅱ进线(或Ⅰ进线)有压,经整定的自投延时跳 QF1(或 QF2),检查 QF1(或 QF2)跳开后自动合 QF3。

(2) 检查确认 QF3 确已合上,母联柜上"合闸指示"灯常亮。

(3) 检查确认Ⅰ段、Ⅱ段负荷运行正常。

三、技术要求及注意事项

(1) 正常运行时Ⅰ进线、Ⅱ进线断路器 QF1、QF2 均处于合位,分别带Ⅰ段、Ⅱ段负荷,利用母联断路器 QF3 互为备用。

(2) 如因"手动/自动"转换开关误投"手动"位置,造成备自投功能未能实现时,可手动分开失压进线断路器 QF1 或 QF2,再合上母联断路器 QF3。

第三章

管道保护操作技能

项目一　极化探头参数测试操作

一、准备工作

（1）材料：便携式硫酸铜参比电极、水、棉纱、砂纸、铲子。
（2）工具：活动扳手、FLUKE万用表。

二、操作程序

长效阴极保护测试探头包含内置参比电极、自然腐蚀测试试片、极化测试试片、微渗封端、电缆等部件，可实现自然腐蚀电位及阴极保护极化电位测量。

（一）极化试片电位测量（即管道断电电位）

（1）万用表有检定标签、电量足、表笔接触良好（测表笔间电阻）。
（2）使用测试桩钥匙打开测试桩，然后使用抹布擦拭，对生锈的地方用砂纸打磨。
（3）检查极化试片连接线是否与管道连接线相连。
（4）将万用表的黑表笔（负极）接参比电极，红表笔（正极）接极化试片与管道线。接法如图3-1中的万用表1所示。
（5）将万用表调至直流电压挡位，开机后万用表的红表笔（最好使用夹子）保持与极化试片连接，此时极化试片与管道线相通。记录此时的电位值。

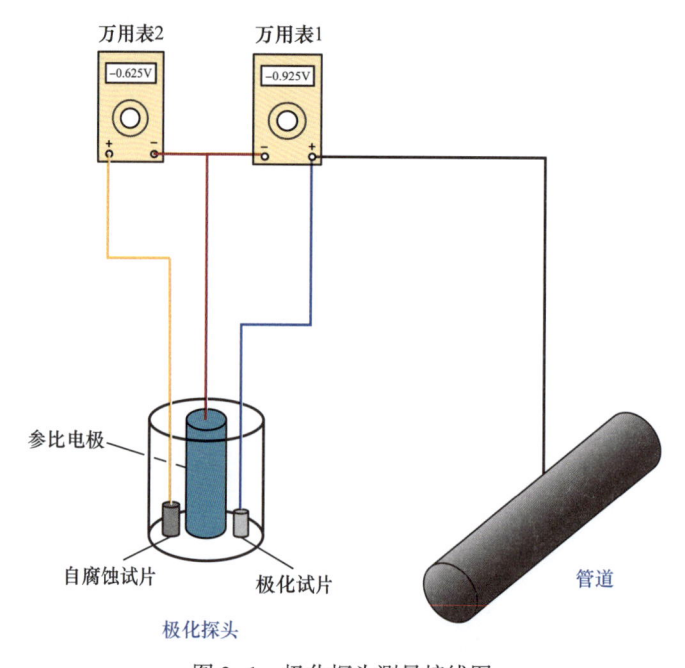

图3-1　极化探头测量接线图

（6）快速使极化试片与管道线断开，断开后立即读取极化试片的电位，一般在断开后读取万用表的第二组数据，得到管道的断电电位。

（二）自腐蚀试片电位测量

（1）测量采用的仪表为数字万用表，直流电压挡为2V，黑表笔接参比电极，红表笔接极化试片。接法如图3-1中的万用表2所示。

（2）自腐蚀试片与参比的电位一般为0.4～0.6V。

（三）参比电极的校准

（1）断开极化探头与管线。

（2）测量采用的仪表为数字万用表，直流电压挡为2V，黑表笔接参比电极，红表笔接便携式硫酸铜参比。如图3-2中万用表3所示。

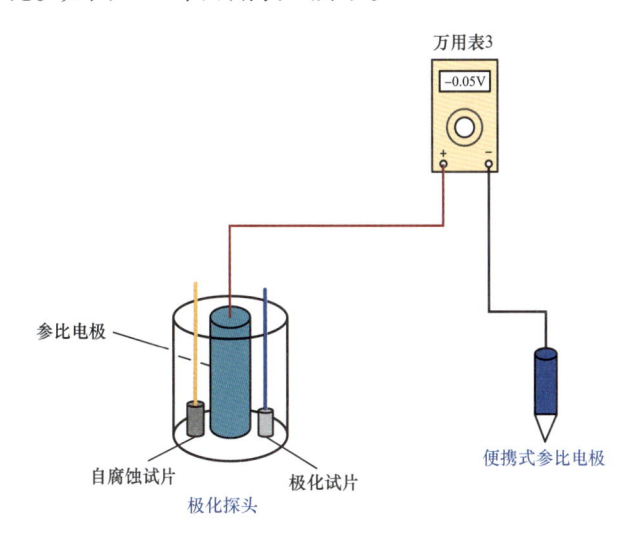

图3-2　参比电极校准接线图

（3）万用表显示小于50mV则极化探头中的参比电极可以继续使用。

三、技术要求及注意事项

（1）探头中极化试片至少与管道连接24h后再进行断电电位测试。

（2）关于断电电位测量时间，当极化试片中断阴极保护电流后，被保护试片对地电位随时间的变化曲线称为断电衰减曲线，断电瞬间电位下降很快，之后开始极化衰减。在阴极保护电流中断后不同瞬间测到的断电电位值不同。断电时间太长可导致过度极化衰减，断电时间太短可能落入电压冲击范围。按文献数据，断电测量时间以0.5～3.0s为宜。

（3）定期检测极化探头的读数情况，跟踪探头的工作状况，当探头检测数据异常时需要检查测试线连接情况，必要时更换探头。建议每3个月对极化探头的参比电极进行校准。

项目二　固态去耦合器测试操作

一、准备工作

（1）材料：便携式硫酸铜参比电极、水、棉纱、砂纸、铲子。
（2）工具：活动扳手、FLUKE 万用表（2 个）、接地电阻测试仪。

二、操作程序

固态去耦合器可有效排除各种高于阴极保护要求的杂散电流，并且防止雷击损坏，耦合交流电压。固态智能去耦合器主要由防雷单元、交流排流单元、交流冲击防护单元、直流过压排流单元组成。

为了测试固态去耦合器的隔直排交的性能以及接地极的性能，需要测试的固态去耦合器参数有：交流排流量、直流电流泄漏量、接通时管道与接地极的电位及内阻、未接通时管道与接地极的电位及电阻。

（一）正常连接

（1）管道对地电位：测量采用的仪表为数字万用表，导入直流电压挡，红表笔接极化管道，黑表笔接参比电极。测试管道对地直流电位（即管道通电电位），接法如图 3-3 中的万用表 1 所示。

（2）管道交流电压：测量采用的仪表为数字万用表，导入交流电压挡，红表笔接极化管道，黑表笔接参比电极。测试管道交流电位，接法如图 3-3 中的万用表 1 所示。

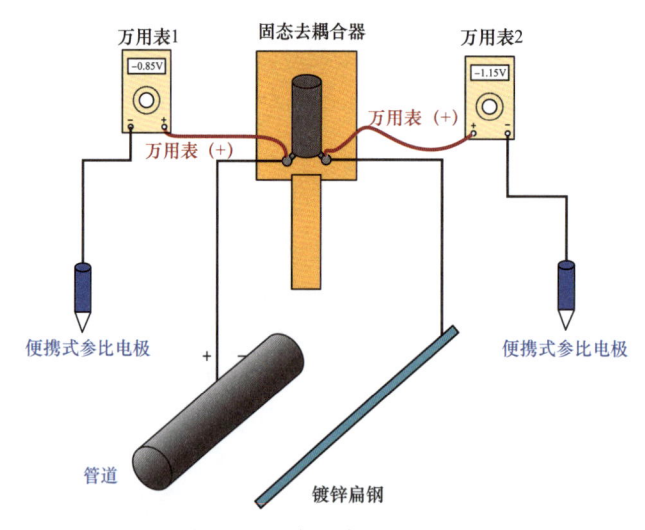

图 3-3　正常连接电压测试图

（3）接地极的电位：测量采用的仪表为数字万用表，导入直流电压挡，红表笔接地极，黑表笔接参比电极。测试接地极电位，接法如图3-3中的万用表2所示。

（4）回路的电流：测量采用的仪表为数字万用表，导入交流、直流电流挡（AAC、ADC），红表笔接管道，黑表笔接固态去耦合器的管道端，使电流表串入回路中。测试回路的交流电流和直流电流，接法如图3-4中的万用表3所示。

（5）回路的电压：测量采用的仪表为数字万用表，导入交流、直流电压挡（VAC、VDC），红表笔接管道，黑表笔接固态去耦合器的接地端，使得电压表并联在固态去耦合器两端。测试管道与接地极之间的电位差，接法如图3-4中的万用表4所示。

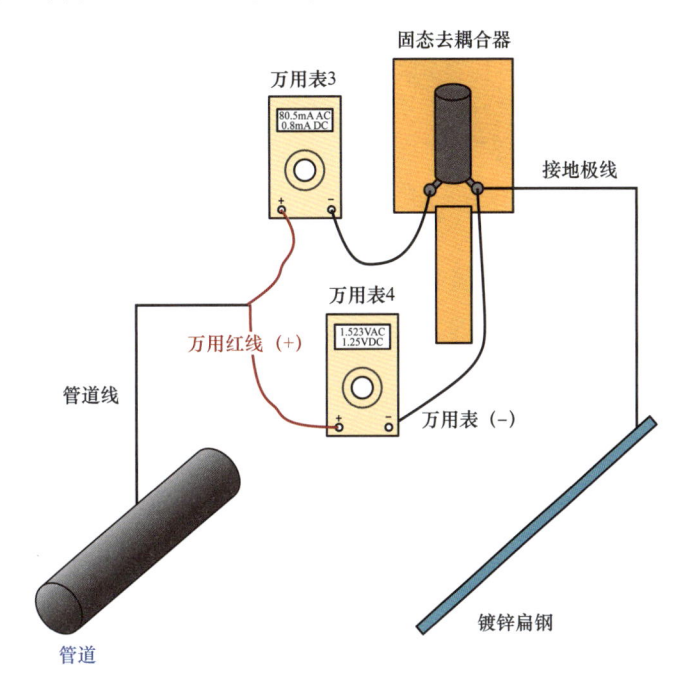

图3-4　正常连接的交流排流量、直流电流泄漏量测试接线图

（二）断开回路时

（1）管道对地电位：测量采用的仪表为数字万用表，导入直流电压挡，红表笔接极化管道，黑表笔接参比电极。测试管道对地直流电位（即管道通电电位），接法如图3-5中的万用表5所示。

（2）接地极的电位：测量采用的仪表为数字万用表，导入直流电压挡，红表笔接地极，黑表笔接参比电极。测试接地极开路电位，接法如图3-5中的万用表6所示。

（3）接地体接地电阻：固态去耦合器未接通时，用接地电阻测试仪（摇表），采用四线法对接地极接地电阻进行测试，测得接地镀锌扁钢的接地电阻。

（4）固态去耦合器内阻测试：利用FLUKE万用表的"电阻测试"功能，将其两端分别接在固态去耦合器的两端，应设为断路状态。

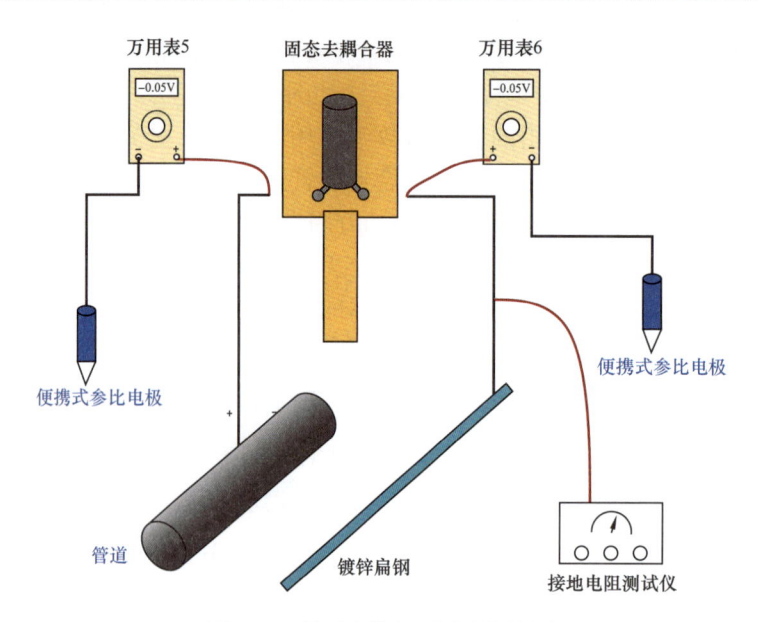

图 3-5　断开连接电压测试接线图

三、技术要求及注意事项

（1）固态去耦合器的交流排流量、直流电流泄漏量是反映固态去耦合器性能的重要参数，一般管道与接地极的直流电压在额定隔离电压 −2～2V 之间，回路直流电流应小于 1mA。

（2）在断路的情况下，由于储气库采用的镀锌扁钢，其开路电位接近于锌带，锌阳极 −1.1V cse，接地极开路电位一般为 −1.1V，随着使用，这一电位将向正变化。如果采用其他材料，则有镁合金阳极 −1.5V cse，高纯镁阳极 −1.7V cse。

（3）比较连接情况下接地极的电压与断路时接地极的电压，如果变化大时，可能存在直流漏失。

（4）接地极接地电阻测试：开路时接地体的接地电阻一般要求小于 1Ω。

项目三　等电位连接器测试操作

一、准备工作

（1）材料：便携式硫酸铜参比电极、水、棉纱、砂纸、铲子。
（2）工具：活动扳手、FLUKE 万用表（1 个）、接地电阻测试仪。

二、操作程序

（一）正常连接

回路的电流：测量采用的仪表为数字万用表，导入交流、直流电流挡（AAC、ADC），红表笔接管道，黑表笔接等电位连接器的管道端，使电流表串入回路中。测试回路的交流电流和直流电流应为 0A，接法如图 3-6 中的万用表 3 所示。

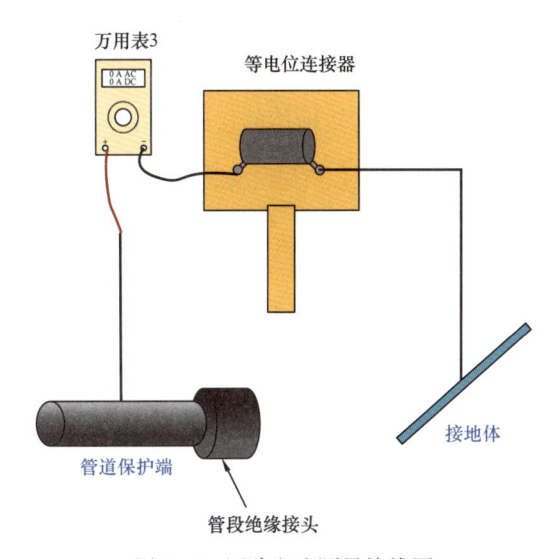

图 3-6　回路电流测量接线图

（二）断开回路时

（1）管道对地电位：测量采用的仪表为数字万用表，导入直流电压挡，红表笔接极化管道，黑表笔接参比电极。测试管道对地直流电位（即管道通电电位），接法如图 3-7 中的万用表 2 所示。
（2）接地体接地电阻：固态去耦合器未接通时，用接地电阻测试仪（摇表），采用四线法对接地极接地电阻进行测试，测得接地镀锌扁钢的接地电阻。
（3）内阻测试：利用 FLUKE 万用表的"电阻测试"功能，将其两端分别接在固态去耦合器的两端，应设为断路状态。

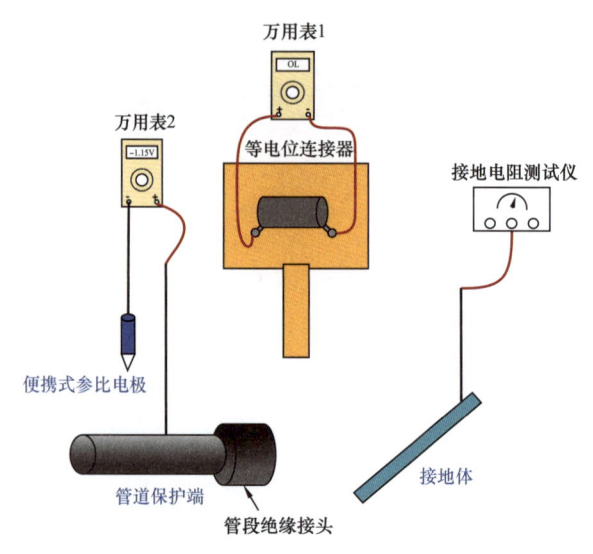

图 3-7 断路时参数测量接线图

三、技术要求及注意事项

（1）每年防雷接地测试时一并纳入监测。
（2）接地极接地电阻测试：开路时接地体的接地电阻一般要求小于 4Ω。

项目四　阳极地床接地电阻操作

一、准备工作

（1）材料：接地钢钎、测试线。
（2）工具：VICTOR4105A 接地电阻表。

二、操作程序

接地电阻测量原理是基于电阻定律。通过交流信号作用于电极，在电表上测量流过大地的电流，如果电流是常数，则测量得到的电压与大地电阻成比例。显示值取决于机内的扩程电阻，所以要根据不同的电阻测量值来选择相应的量程以获得最佳读数。交流信号是由内置变换器产生的。

（一）测试导线连接

（1）将辅助接地棒 P 及 C 相距被测接地物间隔 5～10m 处以直线打入地下。
（2）将绿色线连接至仪器端子 E。
（3）黄色导线连接至端子 P，红色导线连接至端子 C。具体如图 3-8 接地电阻测试仪接线图所示。

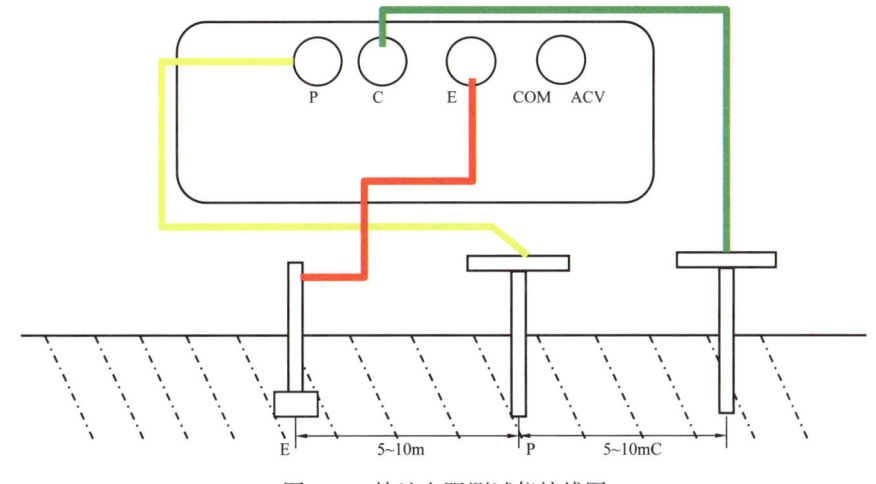

图 3-8　接地电阻测试仪接线图

（二）接地电压测量

请先将量程选择开关调节至接地电压挡。若显示屏显示电压值则表示系统中有接地电压存在，请确认此电压值在 10V 以下，若此电压值在 10V 以上，则接地电阻测量值可能会产生误差，此时请先将使用的被测接地体设备断电，使接地电压下降后再进行测量。

（三）接地电阻测量

首先从 2000Ω 挡开始，按下"测试"键，背光将会点亮并表示在测试中。若显示值过小，再一次按 200Ω、20Ω 挡的顺序切换，此时的显示值即为被测接地电阻值。

三、技术要求及注意事项

（1）测量电阻之前，必须与电源电路完全隔离，以保证读数准确及人身安全。

（2）仪表不宜置于高温处存放，避免阳光直接照射以免影响液晶显示屏的寿命。

（3）设置辅助棒接地时，请将辅助接地棒插在含水量较高的土地上，如遇干地或碎石地时，须加水以保持接地棒打入处潮湿。遇水泥地时请将接地棒平放加水。

（4）接线时确保连线各自分开，若在测试导线互相缠绕、接虚状态下测试，将会产生相互感应从而影响读数，辅助接地阻抗太大，显示值将产生误差，确保辅助接地棒 P、C 打入潮湿的土地中，各连接部分完全接触。

项目五　绝缘接头绝缘性能测试

一、准备工作

（1）材料：便携式硫酸铜参比电极、锉刀。
（2）工具：高内阻数字万用表（或高内阻指针式万用表）。

二、操作程序

（1）清洁绝缘接头外部污垢杂物，驱除水汽。
（2）在法兰内外盘间或接头两侧各选一处测试点去除漆膜，露出金属本体。
（3）用万用表测内外盘间或接头两侧电压，记录数据。
（4）分别测量内外法兰盘或接头两侧的对地电位，记录数据。
（5）比较原始数据，作出检查结论。

三、技术要求及注意事项

（1）使用指针式万用表要注意接线极性，"＋"极接法兰（接头）内侧（不通电端），"－"极接法兰外侧（通电端），测量电位时"＋"极接参比电极。
（2）在没有可靠的原始资料进行比较时，应先停电，测量自然电位。具体如图3-9所示。

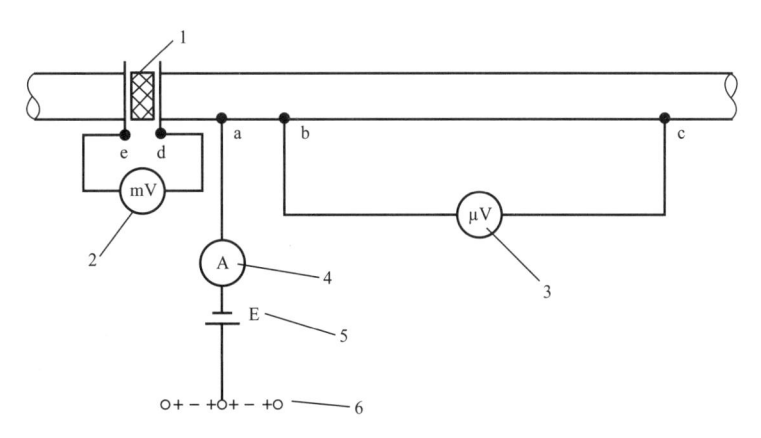

图3-9　绝缘接头测试接线图

1—绝缘法兰；2—数字万用表；3—直流电位差计；4—电流表；5—电源；6—辅助阳极

项目六　ER 腐蚀探针测试操作

一、准备工作

（1）材料：CheckMate™ 连接至计算机的电缆（包含 DB25 至 DB9 适配器）。

（2）工具：CheckMate™ 手持式腐蚀监测仪，便携式计算机。

二、操作程序

（1）测试前需在便携式计算机上安装 Corrdata©CSV 程序。

① 通过 CheckMate™ 电脑程序 Corrdata©CSV 可以将探头读数数据下载到电脑。这是一款简单的 Windows 兼容程序，可将存储在 CheckMate™ 中的数据快速下载到逗号分隔值文件（CSV）中。然后可以通过 Excel 或其他类似的电子表格程序打开此文件。

② 在电脑上安装 Corrdata©CSV 程序。安装完成后，单击"开始"（Start）菜单启动该程序。单击"选择"（Select）菜单，再单击"数据目录"（DataDirectory）以选择保存 CSV 文件的位置。然后从"选择"（Select）菜单中，勾选要使用的 COM 端口完成程序配置过程。

（2）在 CheckMate™ 手持式腐蚀监测仪上设置所埋设的相应腐蚀探针参数。设置内容包含探头类型、自编探头 ID、探头标签、探头跨度。

（3）将 CheckMate™ 手持式腐蚀监测仪与 ER 探针测试桩连接，如图 3-10 所示。

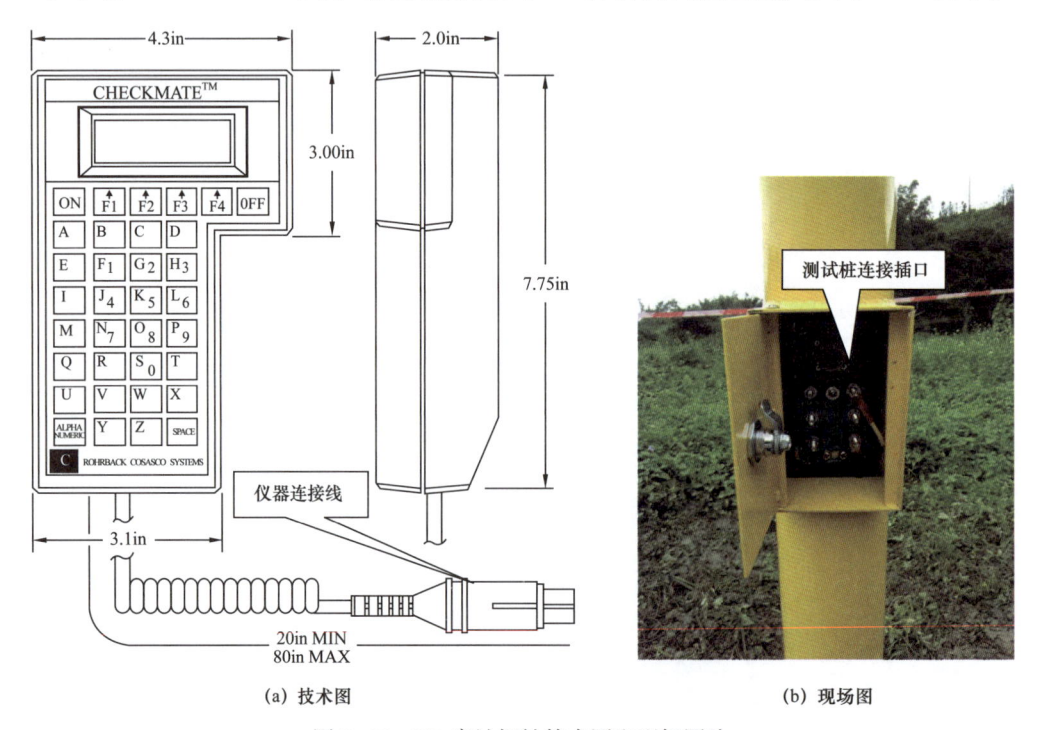

(a) 技术图　　(b) 现场图

图 3-10　ER 腐蚀探针技术图和现场图片

(4)通过自编探头 ID 读取 ER 腐蚀探针数值。
① 按 ID（F1）进入"输入 ID"（Enter ID）＞＜ 51-255 页面：

```
Enter ID >    < 51-255



Enter   CLr   BkSp  Exit
```

```
输入 ID ＞＜ 51-255



输入  清除  退格  退出
```

② 输入探头的 ID 号并按"输入"（Enter）（F1）。
CheckMate™ 将检查 ID 号以确定其有效性。如果 ID 有效，将显示"连接到探头"（Connect To Probe）页面。如发现 ID 无效，将显示"未找到 ID"（ID Not Found）消息，并按"退出"（Exit）键返回"正在读取探头读数"（Taking Probe Reading）页面。

```
    Connect To Probe
ID : XXX XXXXXXXXXXX

Start              Exit
```

```
     连接到探头
ID : XXX XXXXXXXXXXX

开始               退出
```

将 CheckMate™ 连接到探头后，按"开始"（Start）键开始测量，将出现"正在读取探头读数"（Taking Probe Reading）页面。
按"退出"（Exit）键将返回"读取探头读数方式"（Read Probe By）页面：

```
  Taking Probe Reading
       Please Wait

|＞＞＞              |
```

```
    正在读取探头读数
       请稍后

|＞＞＞              |
```

屏幕上从左到右会出现一连串"＞"符号，并逐渐增多，显示 CheckMate™ 的测量进度。测量结束时（约 30s），CheckMate™ 将显示探头读数：当前检测读数和初始检测读数分度。初始检测读数分度将在括号"（ ）"中显示。典型页面如下：

```
      Div : 273.4
      Check : 812（813）


Read  More  Save  Exit
```

```
      分度：273.4
      检测值：812（813）


读取  更多  保存  退出
```

其中，273.4 是"金属损耗"（MLoss）读数分度，812 是当前"检测"（Check）读数分度，而（813）是初始"检测"（Check）读数分度。

按"读取"（Read）（F1）键将返回"正在读取探头读数"（Taking Probe Reading）页面并自动开始新的测量周期。按"保存"（Save）（F3）键进入，用户可通过按"是"（Yes）（F1）键保存读数的页面，这将直接进入"探头读数已保存"（Probe Reading Saved）页面，如下所示；或按"否"（No）键放弃读数并返回"读取探头读数方式"（Read Probe By）页面。按"更多"（More）（F2）键，进入"金属损耗"（MLoss）和"速率"（Rate）页面：

MLoss : units	金属损耗： 单位
Rate : units	速率： 单位
Read Save Exit	读取 保存 退出

页面将显示累计金属损耗（MLoss）（以最初选择的工程单位计量），并自动计算之前探头读数和当前探头读数之间的腐蚀速率。同时将显示腐蚀速率（Rate）（以每年最初选择的工程单位计量）。

（5）将数据传输到便携式计算机。

PC 端：

① 使用准备的电缆将 CheckMate™ 仪器连接到个人电脑背面的 9 针 COM 端口。确保该端口与之前选择的 COM 端口相同（在大多数情况下，该端口将为 COM1，但应在设备管理器中进行验证）。

② 然后单击大按钮："获取 CheckMate 数据并生成 Excel（CSV）文件 [Get CHECKMATE Data and Make Excel（CSV）Files]。在下一个出现的窗口中单击"确定"（OK）。

CheckMate™ 端：

在 CheckMate™ 的"待机"（Standby）页面，按"转储"（Dump）（F2）转到"开始转储"（Start Dump）页面：

Connect Mate To PC	将 Mate 连接到个人电脑
PC Must Be Running	个人电脑须正在运行
Corrdata CSV	Corrdata CSV
Start Exit	开始 退出

按"开始"（Start）（F1）键开始将数据下载到电脑。

```
┌─────────────────────────────┐     ┌─────────────────────────────┐
│    Dumping Data to PC       │     │      将数据转储到个人电脑       │
│       Please Wait           │     │           请稍后             │
│   ID : xxx xxxxxxxxxxx      │     │    ID : xxx xxxxxxxxxxx     │
└─────────────────────────────┘     └─────────────────────────────┘
```

CSV 文件按照标签号和 ID 保存在名为 DataFiles 的文件夹中，该文件夹位于先前创建的目录下。这些文件可通过 Excel 或类似的电子表格程序打开。

如果 CheckMate™ 未正确连接到个人电脑，或个人电脑未运行 Corrdata CSV，可能会显示以下页面。

```
┌─────────────────────────────┐     ┌─────────────────────────────┐
│         WARNING!            │     │           警告！             │
│    No Response From PC      │     │     个人电脑检查连接无响应      │
│      Check Connection       │     │                             │
│                     Exit    │     │                       退出   │
└─────────────────────────────┘     └─────────────────────────────┘
```

确保 Corrdata CSV 软件正在运行，在"选择"（Select）菜单中勾选了正确的 COM 端口，并且通过提供的电缆将 CheckMate™ 连接到该 COM 端口。

三、技术要求及注意事项

（1）雷雨天气不要进行数据采集。

（2）管道沿线有高压输电线的情况，在高压输电网进行检修接地放电时，不能采集数据。

（3）在进行数据采集时，需要先按下接线板上的开关，再进行读数和数据保存。

项目七 恒电位仪通断测试断电电位操作

一、准备工作

（1）材料：便携式硫酸铜参比电极、水、棉纱、砂纸、铲子。
（2）工具：万用表。

二、操作程序

（一）恒电位仪断电测试操作

（1）将其中一路"断电测试"开关置"内控"挡时，此路的电流输出呈间歇状态：通 12s、断 3s，具体如图 3-11 所示。

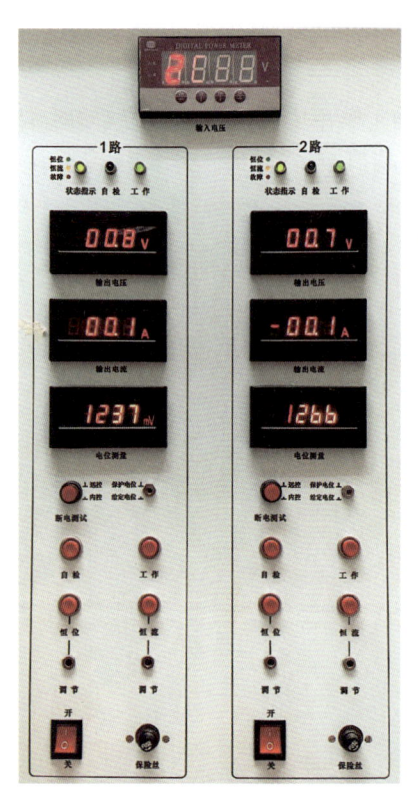

（2）将"断电测试"开关置"远控"挡，当仪器接收远控信号时，仪器各路电流输出同步呈间歇状态：通 12s、断 3s，无远控信号时，各路电流输出为通常的连续状态。

（3）选择点对点接口连接时，外部 RTU 的远控断电测试信号通过仪器接线板上的"远控通断信号"端子输入，信号应为 24V 直流电平。

（二）通断电位测试操作

（1）测量前应确认恒电位仪断电测试启动，并确保管道已充分极化，若一条管线存在两个及以上恒电位仪时，则需使用同步器进行测试。

（2）测量前应检查确认数字万用表表笔线完好和直流挡或直流 2V 挡电压值为零。

（3）测量时所有测量连接点应保证电接触良好，将万用表的负极与硫酸铜参比电极相连，万用表的正极与被测管道的测试桩接线柱相连。

（4）将数字式万用表调至直流电压挡或直流电压 2V 挡位，打开万用表的电源开关（即"ON"的位置），待读数稳定后读取数据，做好管地电位值及极性记录。

图 3-11 HPS-2 多路恒电位仪面板图

（5）测量时硫酸铜参比电极应放置在管道正上方地表的潮湿土壤中，应保证硫酸铜参比电极底部与土壤接触良好，如图 3-12 所示。

（6）测量成功后做好电位记录。

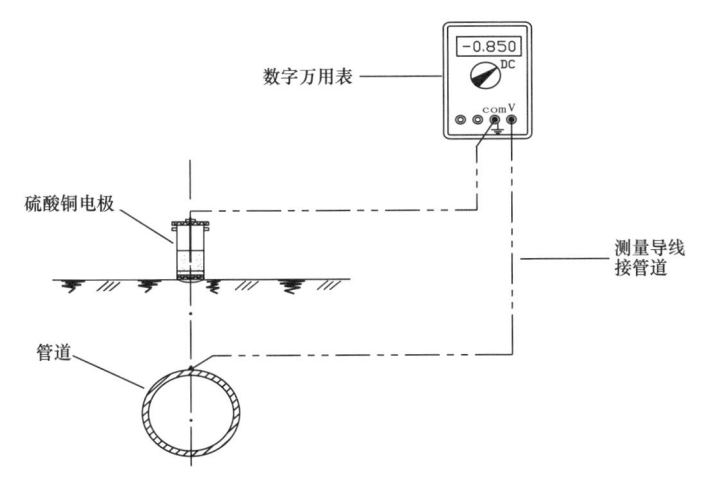

图 3-12 测量操作示意图

（7）关闭万用表的电源开关（即处于"OFF"的位置），拆卸连线，清洁并收好万用表、参比电极、配线及工（用）具。

（三）恒电位仪工作恢复操作

通断电位测量结束后，按下"断电测试"按钮至弹起状态，恢复恒电位仪正常工作。

三、技术要求及注意事项

（1）在测量电量时，不可进行换挡，特别是高电压或大电流时，否则会损坏表。如果需要换挡，应先断开表笔，换挡后再去测量。

（2）在开始前，应做调零操作，让针指在零电压或零电流处。

（3）使用过程中，手不可触碰表笔的金属部分，这样不仅可以保证数值的准确性，也可以保证人身安全。

（4）在使用时，万能表必须水平放置，以免造成误差，同时还应注意外界磁场的干扰。

（5）测量完毕后，应把转换开关置于交流电压的最大挡处。

项目八　HPS-1恒电位仪操作

一、准备工作

工具：平口螺丝刀。

二、操作程序

（一）仪器自检

打开接线板上的总电源开关，再打开面板上其中一路的工作电源开关，仪器此路立即进入恒电位工作状态，按一下"自检"键，则工作指示灯灭，自检指示灯亮，状态指示灯仍显示绿色，说明仪器此路工作处于恒电位自检状态。通过按下和放开电位测量选择键，观察电位值与控制值一致，则说明仪器自检正常。各路检查方法类似。

（二）恒电位仪操作

1. 恒电位

仪器各路自检正常后，按一下其中一路"工作"键，则此路自检指示灯灭，工作指示灯亮，此路恢复工作状态，对此路保护体实施恒电位阴极保护。调节"恒位调节"电位器（顺时针方向增大），使保护电位达到设计要求。电压表显示输出电压，电流表显示输出电流。

2. 恒电流

此路按一下"恒流"键，状态指示灯应显示黄色，对此路保护体实施恒电流阴极保护。调节"恒流调节"电位器（顺时针方向增大），使输出电流达到合适的电流值，例如使恒流值与恒电位状态时的输出电流值一致。

3. 工作状态自动切换

当参比电极失效，或系统受到外界严重干扰而不能恒电位工作且持续时间超过20s时，将自动切换为恒电流工作状态，状态指示灯显示黄色。

（三）故障自动关机

当仪器其中一路工作中出现故障时，状态指示灯显示红色，此路将自动停止输出，并发出报警鸣音，持续1~2min后此路将自动关闭。

三、技术要求及注意事项

（1）定期用干的毛刷清理恒电位仪风机罩上的灰尘，清理时应停机，清洁恒电位仪设备时不得用湿的抹布。

（2）随时查看设备有无异常，如设备出现故障或异常现象，则：噪声增大；输出出现较大摆动；箱体温度超过75℃或嗅到设备过热引起的异味，此时应及时关闭该设备。

（3）清扫及拧紧端子须在关闭电源后进行，以防短路及触电。

（4）设备运行正常时，定期通过测试桩测量管道保护电位，并做好记录，如发现管道保护电位值正处于-850mV时，应通知专业人员检修。

（5）恒电位仪应连续不间断运行，在设备自动状态出现故障时，可切换手动状态运行。

（6）安装、接线、更换控制板或元器件等作业时，必须切断全部电源后进行。

第四章

自动化系统操作技能

项目一 DCS 系统操作程序

一、查看历史趋势

目前查看历史趋势有 2 种办法，主要差异是查看路径不同，具体如下。

（一）第一种

（1）将上位系统画面打开，找到想要查看历史趋势的数据点。

（2）单击该点弹出一个显示框，该显示框可以直接查看该点设置的量程、安装位置和实际显示值。

（3）用鼠标双击该显示框任意位置进入设置画面，在设置画面中有若干个页面选择，此时单击"History"选项进入趋势查询页面查看该点趋势图。

（二）第二种

（1）将鼠标移至右上角选择"Name"选项，将所有点的位号直接显示出来。

（2）记住想要查询趋势的数据点位号，在左上角标题栏选项中选择"Configure"—"Trend & Group Displays"—"Trend"进入历史趋势查询设置页面。

（3）在该页面中，可以提前设置多组历史趋势，每组里面可以查看单独一个参数的历史趋势，也可以同时查看几个参数的趋势，具体如下。

① 将鼠标移至空白的历史趋势组选项后点击进入。

② 在该页面上方"Title"处输入该历史趋势组的名称，并点 2 次回车确定，其余设置可以不改变，在页面下方"Pen"处选择历史趋势显示颜色，同时将后面的小方框单击选中，然后在后面"PointID"处单击"..."选项，在弹出的显示框中输入最开始记录的数据位号，并点击"APPLY"确定选中想要显示的数据点。接着在"Parameter"处选择该点的类型。

备注："Parameter"中数据点选择 PV 或者 DACA.PV，而调节阀阀位设定值选择 PIDA.SP，调节阀阀位实际值选择 PIDA.OP，该调节阀连锁的液位或压力实际显示值选择 PIDA.PV。

③ 所有设定完成后点击右下角 ViewTrend 开始查看历史趋势。

二、设置修改报警参数

以 2 号井场出站管线压力为例。

（1）首先点击右下角"Oper"，输入自己的账号与密码，将权限改为"mngr"（登录状态），然后点击该点，弹出一个显示框，在显示框中可以查看实际值及设定的量程。

（2）接着鼠标双击显示框任意位置进入设置页面，在该页面中有较多选项，鼠标点击选择"Alarms"选项后进入报警参数设置页面。

（3）在该页面中，首先设置报警参数类型（高报警或者低报警），鼠标选择"PVLimitAlarms"选项中的"Type"，里面共有9个选项，其中"PVLow"为低限报警，"PVHigh"为高限报警，"PVLoLow"为低低限报警，"PVHiHigh"为高高限报警，选择其中一项，然后在后面"Limit"选项中设定具体报警值并点击回车确定，在"Priority"选项中选择对应的报警类型（"PVLow"对应"Low"，"PVHigh"对应"High"，"PVLoLow"和"PVHiHigh"对应"Urgent"）。

（4）最后将后面的"Deadband"选项中的值设置成0并点击回车确定后，报警值设定完毕。

三、设置修改参数量程

以2号井场出站管线压力为例。

（1）首先点击右下角"Oper"，输入自己的账号与密码，将权限改为"mngr"（登录状态），然后点击该点，弹出一个显示框，在显示框中可以查看实际值及设定的量程。

（2）接着鼠标双击显示框任意位置进入设置页面，在该页面中有较多选项，鼠标点击选择"General"选项后进入量程设置页面。

（3）在页面"Range"选项中，第一项"Units"是该数据点单位，第二项"100%"为量程高限设定位置，第三项"0%"为量程低限设定位置，在相应输入框中输入值，然后点击回车后该值即可设定完毕。

四、调节阀阀位自动、手动设置

以脱水装置原料气分离器乙二醇回收管线上液位调节阀为例。

首先鼠标点击该调节阀后弹出一个显示框，在该显示框中有阀门开度、点位以及模式设定等相关数据。调节阀阀位设置有2种模式，一种是自动调节、一种是手动调节。

（一）自动调节

在"SP"选项中参照调节阀联锁的参数点量程进行阀位给定值设置，如实例中原料气分离器液位量程为0～1400mm，则在"SP"选项中设定的值必须在该量程范围之内。输入相应值并点击回车确认后，然后在"MD"选项中选择"AUTO"模式，该调节阀即可在设定值上下调节。

（二）手动调节模式

在"MD"选项中选择"MAN"模式，此时该调节阀处于手动调节状态，接着在"OP%"选项中输入调节阀打开的开度值后点击回车确认，此时调节阀将按照给定的开度值进行动作。

五、调节阀 PID 参数设置

以脱水装置原料气分离器乙二醇回收管线液位调节阀为例。

（1）首先点击右下角"Oper"，输入自己的账号与密码，将权限改为"mngr"（登录状态），然后点击原料气分离器液位调节阀并弹出一个显示框。

（2）接着鼠标双击显示框任意位置进入设置页面，进入后选择"LoopTune"选项，在该选项中，出现"P（比例）"、"I（积分）""D（微分）"位置。在相应的位置设置好参数并点击确认后，调节阀"PID"参数即设置完毕。

六、报警确认操作

目前报警分为一般报警和系统状态。

（1）一般报警主要包含现场值、设备状态报警，系统状态主要包含DCS硬件、系统程序和通信报警。

（2）进入和查看方法如下：点击上位系统页面中下方"Alarm"和"System"分别进入一般报警查看页面和系统状态查看页面。

七、报警记录查看

（1）查看实时报警：点击上位系统页面中下方"Alarm"和"System"分别进入一般报警查看页面和系统状态查看页面。

（2）查看历史报警：点击DCS系统上方"View"—"Events"—"EventSummary"，然后便可查看所有历史报警记录。

八、辅助装置查看操作

辅助装置主要是指上位系统中放空系统、空压机、给水及消防系统、污水处理装置、供热水系统和电力系统数据监控表等相关设备，其中涉及操作的主要是放空系统和空压机，其操作如下。

（一）放空火炬

点击上位系统页面"总貌"，选择进入相国寺集注站，此时在页面下方有6套辅助装置的进入选择按钮，选择进入放空系统，然后点击页面中的"放空火气区监控数据表"。进入页面后该页面分为2部分，一部分为放空火炬相关报警信息的描述和状态显示，一部分是放空火炬操作，其中放空火炬的操作分为RS485通信点火和DCS系统硬点连接点火，这两种点火方式互不干涉，且均设置有自动点火（系统每隔30s后点火一次）及手动点火（点击一次触发一次点火）2种方式，具体操作如下。

RS485通信点火：首先点击系统复位按钮，再选择自动点火或手动点火。

DCS系统硬点点火：首先点击系统复位按钮，再选择远程自动点火或远程手动点火。

（二）空压机

点击上位系统页面"总貌"，选择进入相国寺集注站，此时在页面下方点击空压机按钮。进入空压机后直接点击需动作的空压机位号下面的"START"按钮，弹出显示框后选择相应动作确定即可，启动空压机前需提前启动干燥机。

九、脱水装置泵远程操作

目前脱水装置主要有2种泵，一个是乙二醇循环泵，一个是乙二醇提升泵，其在上位系统上的操作如下。

首先保证现场操作柱上"就地/远程"控制旋钮是旋转至"远程"位置，确认完毕后点击进入脱水装置"乙二醇再生装置"页面，进入页面后选择需要操作的泵类型和位号并弹出显示框后进行相应的操作即可。

十、上位系统进入操作

由于集注站采用双屏显示，因此需要启动2个上位系统页面。

首先点击电脑桌面上"Station"图标，此时第一个系统页面一般会自动进入，将页面放在任意显示屏中即可。

在打开第二个上位系统页面前，先在已经打开的上位系统页面中查找空余地址，操作步骤如下：

（1）点击上位系统页面上方"Configure"；

（2）选择第四项"SystemHardware"；

（3）在子项中选择"FlexStations"；

（4）在弹出页面中查看空余地址，红色为空余地址，绿色为该地址正在使用中，黄色为该地址处于掉线状态。

查看完毕后点击桌面"Station"图标，此时页面上会弹出一个提示对话框，选择"Reconfigure"按钮，进入设置画面，将弹出的对话框中"Stationnumber"的数字改为刚才查看的空余地址数字，然后点击"Save"即可进入系统页面。

十一、DCS系统通道恢复

首先点击右下角"Oper"，输入自己的账号与密码，将权限改为"mngr"（登录状态）。

点击最上方"Configure"—"SystemHardware"—"SCADAControllers"进入通道选择画面。

再点击左侧最下面的"Channels"进入DCS系统通信通道选择列表（表4-1），选择需要恢复的通道点，将"Enable"下面的"√"去掉，然后再重新点上，直到"Status"下面显示"OK"通道恢复完毕。

十二、DCS系统服务器重启和切换

（1）首先修改登录权限，在DCS系统右下角点击"Oper"，输入自己的账号与密码，将权限改为"mngr"（登录状态）。

（2）然后点击"Configure"—"SystemHardware"—"RedundantServer"。

（3）在弹出的画面中点击"Synchronize"键进行数据同步，并在弹出的提示信息中点击"Yes"进行确认，此时"Synchronize"键和"ManualFailover"键均显示为灰色，待数据同步完成恢复正常。

在数据同步完成后，点击"ManualFailover"键进行手动切换，将主服务器从"A服务器"切换至"B服务器"。

表4-1 DCS系统通信通道选择列表

通道名称	通道描述	通道名称	通道描述
CHAMOD1		CHA_TS10	超声波流量计-3
CHASMP1	FGS系统	CHA_TS11	超声波流量计-4
CHASMP2	SIS系统	CHA_TS12	超声波流量计-5
CHA_TL	铜梁站	CHA_TS13	超声波流量计-6
CHA_TS		CHA_N2	2号注采站
CHA_COM		CHA_N4	4号注采站
CHAM_HT	旱土站	CHA_RL	5号注采站
CHA_JX1	旧县阀室	CHA_N7	7号注采站
CHA_BT	八塘阀室	CHA_N9	9号注采站
CHA_XSP	西山坪阀室	CHA_N11	11号注采站
CHA_TC	土场阀室	CON_3#NP	3号注采站
CHA_GF	广佛阀室	CHA_N8	8号注采站
CHA_XJ	多宝阀室	CON_N1A1	1号注采站
CHA_SP	沙坪阀室	CHA_N6	6号注采站
CHA_JG	静观阀室	CHA_N12	12号注采站
CHA_GS	给水泵站	CHA_OPCPI	铜梁压气站
CHA_TS8	超声波流量计-1	CHA_XSPTYZ	西山坪调压站
CHA_TS9	超声波流量计-2	CHAM_HTJL	旱土站计量

（4）在切换完成后，通过上位系统电脑上点击"远程桌面连接"，然后在弹出的对话框中输入"172.10.4.11"进入"A服务器"，进入后进行重启。

（5）重启完成后，进入DCS系统画面，重复上述步骤，将主服务器从"B服务器"切换至"A服务器"，完成后，点击桌面"远程桌面连接"，在对话框中输入"172.10.4.13"进入"B服务器"，然后重启B服务器。重启完成后，所有操作完成。

项目二　SIS 系统操作程序

一、SIS 安全系统阀门操作

（1）SIS 安全系统包含集注站所有气动切断阀和电动切断阀，首先点击右下角"Oper"，输入自己的账号与密码，将权限改为"mngr"（登录状态），然后点击上位系统页面上方"command"输入框输入"sis_valve"进入 SIS 安全系统操作页面，找到需要动作或进行联锁操作的阀门并进行相应操作。

（2）在此界面中，阀门颜色为绿色代表阀门处于正常状态；阀门颜色为红色代表阀门已经动作或处于异常状态。

二、SIS 安全系统阀门逻辑关系图、联锁复位和关联设定值操作

除了 SIS 安全系统阀门的基本操作外，SIS 安全系统还具备查看阀门逻辑关系图、联锁复位和阀门关联值设定操作，具体步骤如下：

（1）首先点击上位系统页面上方"安全系统"按钮；

（2）在页面中进行相应操作，其中表格中旁路是指将该联锁控制置于旁路，不进行任何联锁控制；

（3）安全系统连锁等级共分四级，根据连锁复位等级对需要复位的部位进行复位。

三、SIS 安全系统旁路及状态显示

（1）首先点击右下角"Oper"，输入自己的账号与密码，将权限改为"mngr"（登录状态）。

（2）点击"安全系统"进入 SIS 系统逻辑关系图，首先看位号颜色，红色为连锁状态，绿色为正常状态。

（3）MOS 状态显示：红色代表此设定值已进行旁路，未投入连锁，当参数到达设定值时，阀门不动作；绿色代表此设定值未旁路，投入连锁状态，当参数到达设定值时，阀门会进行相应动作。

（4）如果阀门位置描述为灰色，证明该阀门已被屏蔽，无法动作。

（5）SIS 系统逻辑关系图下，T 代表事件与阀门之间是连锁状态；O 代表事件发生时阀门会进行开启动作；C 代表事件发生时阀门会进行关闭动作。

项目三　电动执行机构操作

一、准备工作

（1）材料：机油、棉纱、电池。
（2）工具：活动扳手、记录本、记录笔。

二、操作程序

（一）远程操作

（1）确认需要操作的阀门"控制状态"旋钮处于远程操作位置。
（2）对上位机执行"mngr"权限。
（3）在上位系统找到需要操作的阀门并用鼠标单击该阀门图标。
（4）电动截止阀在弹出的对话框中直接选择OPEN（开）或CLOSE（关），电动调节阀则在OP（%）空白框中输入需要的阀门开度。
（5）在弹出的对话框中单击"YES"进行确认，阀门开始动作。

（二）就地电动操作

（1）将执行机构上"控制状态"旋钮旋至"就地控制"方向，让阀门处于就地控制状态。
（2）BIFFI电动执行机构操作时按动阀门动作按钮进行相应"OPEN（开）"、"CLOSE（关）"和"STOP（停止）"操作；ROTORK电动执行机构进行操作时则旋转开阀、关阀的旋钮进行操作。
（3）旋动"控制状态"旋钮至"STOP"状态，阀门会立即停止动作。BIFFI电动执行机构也可按动红色STOP（停止）按钮来停止阀门动作。

（三）就地手动操作

（1）压下离合杆，然后旋转手轮直至手轮齿轮与执行机构内部齿轮咬合。
（2）齿轮咬合后即可松开离合杆，按照逆时针开、顺时针关的方向对阀门进行操作。

三、技术要求及注意事项

（1）电动执行机构在通电状态下严禁非专业人士打开控制盒，避免造成人员触电伤害。
（2）电动操作前应手动操作手轮活动阀门，确保执行机构未卡死，防止操作中力矩过大损坏执行机构。

（3）不允许在手轮或离合杆上使用附加外力工具（套杆、活动扳手、管钳等），防止损坏阀门。

（4）每年需要更换电动执行机构中的电池，避免电动执行机构外电丢失时造成执行机构程序中设置的参数和配置丢失。

（5）在操作时应确认需操作的阀门位号，避免出现误操作的情况。

项目四　气动执行机构操作

一、操作程序

（一）气动切断阀远程操作

（1）开阀操作前，应检查阀门前后压差是否在允许范围内，仪表风压力是否在0.4MPa以上。

（2）鼠标单击上位系统需要操作的气动切断阀，然后在弹出的对话框中点击"OPEN"（开）或者"CLOSE"（关）来进行开关阀门操作。

（3）做好记录。

（二）气动调节阀远程操作

（1）开阀操作前，应检查阀门前后压差是否在允许范围内，仪表风压力是否在0.4MPa以上。

（2）鼠标单击上位系统需要操作的气动调节阀，在弹出的对话框中进行阀位自动、手动设置。

① 自动调节设置。

在"SP"选项中根据调节阀联锁的参数点量程进行阀位给定值设置，输入相应给定值并点击回车确认；在"MD"选项中选择"AUTO"模式，该调节阀即可按照给定值进行自动开关调节。

② 手动调节模式。

在"MD"选项中选择"MAN"模式，此时该调节阀处于手动调节状态；在"OP%"选项中输入开度值并点击回车确认，此时调节阀将按照给定的开度值进行动作。

二、技术要求及注意事项

（1）每半年人为开关一次气动执行机构，检查执行机构是否能够正常开关、调节，同时检查气动执行机构的附属配件是否完好。

（2）在操作前应仔细确认需要远程操作的阀门位号是否与现场阀门一致，避免出现误操作的情况。

（3）定期检查各连接点的连接情况、腐蚀情况，必要时应更换连接件。

项目五　气液联动执行机构操作

一、准备工作

（1）工具：活动扳手、手持终端。
（2）操作前检查以下内容。
① 检查电磁阀供电是否正常。
② 检查远程就地开关旋钮是否正确。
③ 检查控制回路上放空口是否处于打开状态。
④ 检查上下游进气引压管上所有阀门是否在全开位置。
⑤ 检查执行机构控制模块上压力表的压力（不低于3MPa），以便确认是否可以手动操作气动动作装置。
⑥ 检查带有锁定功能的红色手柄的位置是否正常。
⑦ 打开气液联动球阀前，必须平衡前后压差。

二、操作程序

（一）远程操作

（1）调度指令许可操作阀门。
（2）进入DCS系统画面中的"总貌"，并点击进入阀室画面。
（3）在阀室画面中点击气液联动球阀的"开阀"或"关阀"按钮进行对应操作。
（4）做好记录。

（二）就地气动开关

（1）调度指令许可操作阀门，并告知中控室。
（2）确认气液联动球阀引压阀处于开启状态，复位按钮已复位。
（3）全拉气动手柄到底，开启或关闭气液联动球阀。
（4）当阀门开或关到位后，松开手柄。
（5）确认开关位置与状态一致。
（6）完成操作，通知中控室或调度室。
（7）做好记录。

（三）就地液压开关

（1）调度指令许可操作阀门，并告知中控室。
（2）按下开阀或关阀按钮。
（3）上下摇动液压泵手柄，进行泵油操作。

（4）观察阀位指示，到达开关目标位置后停止泵油。

（5）向中控室或调度室汇报。

（6）做好记录。

（四）屏蔽操作

方法一：关闭电控箱电源开关，此时气液联动球阀不会进行联锁动作，只能在中控室进行开关阀操作。

方法二：泄放执行机构气源。

（1）调度指令许可屏蔽阀门，并告知中控室。

（2）关闭气液联动球阀引压阀。

（3）检查阀门目前开关状态。

（4）拉动阀门目前状态对应侧开关手柄（阀门如果处于开状态则拉动开阀手柄，如果处于关状态则拉动关阀手柄，拉动时注意不可全部拉下，只需拉动至中间行程有气体泄放声即可）。

（5）压力表显示为"0"，无气流流出后松开手柄。

（6）确认阀门状态与执行机构气瓶压力。

（7）向调度室或中控室汇报。

（8）做好记录。

（五）恢复操作

（1）恢复电磁阀供电。

（2）将气液联动球阀复位阀复位。

（3）依次由上游向下游打开引压阀向气瓶充气。

（4）观察气瓶压力，当压力表显示压力不再上升后则表明充气完成，该气液联动球阀恢复正常。

（5）向中控室或调度室汇报。

（6）做好记录。

三、技术要求及注意事项

（1）当气液联动球阀为开启状态时，阀门颜色显示为绿色，当阀门为关闭状态时，阀门颜色显示为红色。

（2）阀室气液联动球阀复位按钮位置为向上。如果复位按钮向下，则需拉动下方活塞不放，将复位按钮向上扳动后松开活塞。

（3）将阀门开或关到位松开手柄后，气液联动球阀会自动排气约 1min40s。

（4）完成操作后应观察阀门开关指示牌，确认实际状态与开关指示牌状态一致。

（5）就地气动开关显示标识到位后应及时松开手柄，避免摆缸憋压，损坏密封件。气液罐内的天然气要通过排泄口排出，操作人员应避免正对。

（6）就地手动液压开关阀泵油操作时，上下压动手柄时严禁向上开完。

（7）当就地手动液压开关操作结束，操作柄不能恢复原位，可拉起手动换向阀阀体上的泄放平衡阀，再将操作柄复位。

（8）未经批准，不得进行气液联动球阀屏蔽操作。屏蔽操作时，拉动开关手柄仅需到中间位置达到泄压目的即可，在屏蔽球阀事项完成后，必须及时恢复气液联动球阀至正常状态。

（9）液压油应五年更换一次，每年要对液压油的油质和油量进行检查。

项目六　压力变送器参数设置

（以 HART475FieldCommunicator 设置 EJA530A 压力变送器为例）

一、准备工作

工具：HART475FieldCommunicator 手操器、十字螺丝刀、便携式可燃气体检测仪、防爆对讲机、250Ω 电阻、DC24V 供电电源、验漏工具、清洁工具、手套。

二、操作程序

（1）与中控室取得联系，在控制面板上查看相应变送器并确认解除联锁控制回路转手动。

（2）现场再次确认需设置变送器的位置。

（3）关闭变送器取压阀，打开取压管路放空阀，将压力泄放为零。

（4）打开变送器接线盒表盖，检查变送器接线端子是否腐蚀。

（5）将手操器与变送器进行连接。

（6）按 Power 键直至该键上绿色指示灯闪烁。

（7）新建保存文件夹。

（8）在现场通信器主菜单，选择 HART 项。

（9）通信成功后，选择 Online（在线）。

（10）下面通过点击不同选项进行各项参数设置。

① 零位调校。

a. 选择 Diag/Service 项（诊断/服务项），按回车键或右键进入下一级菜单。

b. 选择 Calibration（标定、校正）项。

c. 选择 Sensortrim 项。

d. 选择 Zerotrim 项调整零位。

e. 选择 SEND 发送给变送器。

② 量程修改。

a. 选择 LRV 项按回车键（此后每项选择操作均用回车键进行确认）。

b. 在 LRV 项下通过软键盘输入或面板输入量程最小值。

c. 按左键返回上级菜单。

d. 选择 URV 项。

e. 在 URV 项下通过软键盘输入或面板输入量程最大值。

f. 按 ENTER 确认。

g. 选择 SEND 发送给变送器。

③ 单位修改。

a. 选择 Devicesetup（设备设置）项。

b. 选择 Basicsetup（基本设置）项。

c. 选择 Unit（更改单位）项。

d. 选择合适的单位后，按 ENTER 确认。

e. 选择 SEND 发送给变送器。

④ 显示选项设置。

a. 选择 Devicesetup（设备设置）项。

b. 选择 Detailedsetup（详细设置）项。

c. 选择 Displaycondition（显示条件）项。

d. 选择 Displaymode（显示模式）项。

e. 选择百分比显示或输入变量和百分比双显模式。

f. 按 ENTER 确认。

g. 选择 SEND 发送给变送器。

（11）设置完成，退出设置界面。

（12）关闭手操器。

（13）拆除手操器与变送器连接线。

（14）回装变送器表盖。

（15）关闭取压管路放空阀。

（16）缓慢开启取压管路取压阀。

（17）验漏。

（18）通知中控室恢复联锁控制。

（19）清洁工具、用具及场地。

（20）完善记录。

三、技术要求及注意事项

（1）参数设置必须在确认断电后进行，旋进接线盒盖后才能供电。

（2）手操器与变送器进行连接时，应注意正负极不要接反。

（3）为保证通信正常，回路必须保证最小负载电阻为 250Ω。

（4）更改完数据后点击"SEND"发送给变送器完成设置。

（5）检查零位应在变送器高低压侧与大气相通的情况下进行。

（6）除进行零位调校与设置外，其余参数设置可不进行放空操作。

（7）修改量程后应进行一次单表测试和一次回路测试。

项目七　温度变送器参数设置

一、准备工作

工具：HART475FieldCommunicator 手操器、十字螺丝刀、便携式可燃气体检测仪、防爆对讲机、250Ω 电阻、DC24V 供电电源、清洁工具、手套。

二、操作程序

（1）与中控室取得联系，在控制面板上查看相应变送器并确认解除联锁控制回路转手动。

（2）现场再次确认需设置变送器的位置。

（3）打开变送器接线盒表盖，检查变送器接线端子是否腐蚀。

（4）将手操器与变送器进行连接。

（5）按 Power 键直至该键上绿色指示灯闪烁。

（6）新建保存文件夹。

（7）在现场通信器主菜单，选择 HART 项。

（8）通信成功后，选择 Online（在线），如出现其他画面跳出，选"Yes"跳过。

（9）下面通过点击不同选项进行各项参数设置。

① 改变分度号。

a. 选择"Devicesetup"。

b 选择"Configuration"。

c. 选择"Sensorconfig"。

d. 选择"Sensor1"。

e. 选择"Connections"，选择分度号。

f. 按 ENTER 确认。

g. 选择 SEND 发送给变送器。

② 修改量程。

a. 选择 LRV 项按回车键（此后每项选择操作均用回车键进行确认）。

b. 在 LRV 项下通过软键盘输入或面板输入量程最小值。

c. 按左键返回上级菜单。

d. 选择 URV 项。

e. 在 URV 项下通过软键盘输入或面板输入量程最大值。

f. 按 ENTER 确认。

g. 选择 SEND 发送给变送器。

③ 显示选项设置。

a. 选择 Devicesetup（设备设置）项。

b. 选择 Detailedsetup（详细设置）项。

c. 选择 Displaycondition（显示条件）项。

d. 选择 Displaymode（显示模式）项。

e. 选择百分比显示或输入变量和百分比双显模式。

f. 按 ENTER 确认。

g. 选择 SEND 发送给变送器。

（11）设置完成退出设置界面。

（12）关闭手操器。

（13）拆除手操器与变送器连接线。

（14）回装变送器表盖。

（15）通知中控室恢复联锁控制。

（16）清洁工具、用具及场地。

（17）完善记录。

三、技术要求及注意事项

（1）参数设置必须在确认断电后进行，旋进接线盒盖后才能供电。

（2）手操器与变送器进行连接时，应注意正负极不要接反。

（3）为保证通信正常，回路必须保证最小负载电阻为 250Ω。

（4）更改完数据后点击"SEND"发送给变送器完成设置。

（5）在调整量程时，应注意感温原件或热电极和大地之间应保持良好的绝缘，不然将直接影响测量结果的准确性。

（6）修改量程后应进行一次单表测试和一次回路测试。

项目八　液位变送器参数设置

一、准备工作

工具：HART475FieldCommunicator 手操器、100mm 十字螺丝刀、便携式可燃气体检测仪、防爆对讲机、250Ω 电阻、DC24V 供电电源、排污桶、验漏工具、清洁工具、手套。

二、操作程序

（1）与中控室取得联系，在控制面板上查看相应变送器并确认解除联锁控制，并将控制回路调整为手动。

（2）现场再次确认需设置变送器的位置。

（3）关闭变送器引压阀与引液阀，缓慢开启排污阀排出液位计内液体。

（4）打开变送器接线盒表盖，将手操器与变送器进行连接。

（5）按 Power 键开机。

（6）在现场通信器主菜单，选择 HART 项。

（7）新建保存文件夹。

（8）通信成功后，选择 Online（在线）。

（9）下面通过点击不同选项进行各项参数设置。

① 零位调校。

a. 选择 Diag/Service 项（诊断/服务项），按回车键或右键进入下一级菜单。

b. 选择 Calibration（标定、校正）项。

c. 选择 Sensortrim 项。

d. 选择 Zerotrim 项调整零位。

e. 选择 SEND 发送给变送器。

② 量程修改。

a. 选择 LRV 项按回车键（此后每项选择操作均用回车键进行确认）。

b. 在 LRV 项下通过软键盘输入或面板输入量程最小值。

c. 按左键返回上级菜单。

d. 选择 URV 项。

e. 在 URV 项下通过软键盘输入或面板输入量程最大值。

f. 按 ENTER 确认。

g. 选择 SEND 发送给变送器。

③ 单位修改。

a. 选择 Devicesetup（设备设置）项。

b. 选择 Basicsetup（基本设置）项。

c. 选择 Unit（更改单位）项。

d. 按 ENTER 确认。

e. 选择 SEND 发送给变送器。

④ 显示选项设置。

a. 选择 Devicesetup（设备设置）项。

b. 选择 Detailedsetup（详细设置）项。

c. 选择 Displaycondition（显示条件）项。

d. 选择 Displaymode（显示模式）项。

e. 选择百分比显示或输入变量和百分比双显模式。

f. 按 ENTER 确认。

g. 选择 SEND 发送给变送器。

（10）设置完成退出设置界面。

（11）关闭手操器。

（12）拆除手操器与变送器连接线。

（13）回装变送器表盖。

（14）关闭液位变送器排污阀。

（15）缓慢开启上部引压阀与下部引液阀。

（16）验漏。

（17）联系中控室恢复自动控制与联锁。

（18）清洁工具、用具及场地。

（19）完善记录。

三、技术要求及注意事项

（1）参数设置必须在确认断电后进行，旋进接线盒盖后才能供电。

（2）手操器与变送器进行连接时，应注意正负极不要接反。

（3）为保证通信正常，回路必须保证最小负载电阻为 250Ω。

（4）更改完数据后点击"SEND"发送给变送器完成设置。

（5）法兰连接的液位变送器现场使用过程中不能进行量程设置。

（6）量程设置应在液位变送器与大气相通的情况下进行。

（7）量程设置好后应进行一次回路测试。

项目九 UPS 操作（启、停、充放电）

一、准备工作

（1）材料：操作说明书。
（2）工具：万用表。

二、操作程序

（一）UPS 启机操作

（1）送入交流电源，交流输入指示灯亮起，检查电源是否符合要求。

（2）合上机柜侧板上的避雷器开关，再合上机柜面板上的交流输入开关，控制柜上方左边第一块电压表显示 UPS 输入线电压。

（3）按下风机开关，此时风机转动。

（4）合上机柜面板上的电池开关。打开 UPS 前门，合上 UPS 整流输入开关，蜂鸣器长鸣一声，等到 UPS 逆变器启动正常，即 UPS 风机转动，逆变指示灯亮。

（5）合上电池输入开关、旁路输入开关、UPS 输出开关（当旁路开关没有合上即旁路电源没有送入时，UPS 会发出报警声），此时 UPS 处于逆变供电状态，UPS 输入指示灯亮起。

（6）将 UPS 转入旁路供电。UPS 进入旁路供电状态，控制柜上方左边第三块电压表显示 UPS 输出线电压。

（7）合上 UPS 主机交流输出回路开关，其对应端子应有电压输出（可用万用表测量）。正常后，依次关断交流输出端回路开关。合上交流输出回路开关，其对应端子应有电压输出，此时 UPS 已正常供电，记录开机完成时间，并向中控室汇报。

（二）UPS 关机操作

（1）关断系统所有的负载开关。

（2）然后依次按下风机开关。断开电池开关（断开电池开关前，请确认所有负载都关断）。

（3）打开 UPS 前门，依次关断 UPS 输出开关、旁路输入开关、电池输入开关、整流输入开关，即关闭 UPS 电源。

（4）关断 UPS 市电输入开关，关断本电源用户端市电输入开关，即关闭 UPS 整个电源系统。

（三）UPS 充放电操作

（1）确认 UPS 面板上所有数据和信息正常显示，同时 UPS 正处于正常工作状态。

（2）关闭 UPS 输入空开，此时 UPS 进入放电状态，记录放电开始时间，并向中控室汇报。

（3）观察 UPS 电池状态，记录各节蓄电池的电压，并确定电池是否有异常的情况，如异常发热。

（4）待放电 40min 后，重新合上 UPS 输入空开，记录恢复时间，并向中控室汇报。

三、技术要求及注意事项

（1）本电源系统的外部输入空开或保险容量应不小于系统额定容量的 1.5 倍。

（2）安装固定 UPS 时不得将其与电源柜体焊接。

（3）UPS 不要用来接电感性负载（如电动机、大型风机等）。

（4）UPS 额定容量的 70% 为最佳工作点，为增强可靠性，最好不要满载运行。

（5）当市电中断，UPS 放电至电池电压过低而自动关机时，请按附页关机步骤关闭系统，待市电恢复后再按开机步骤重新启动系统。

（6）注意防雷击，要保证 UPS 及系统的有效屏蔽和良好接地。

（7）为保证 UPS 的蓄电池处于正常状态，一般 3 个月需要对 UPS 进行一次充放电工作。

项目十　放空火炬点火操作

一、准备工作

工具：内六角扳手、万用表。

二、操作程序

（一）就地点火操作

（1）将电源按钮向右旋，接通电源。

（2）待电源指示灯亮起后，将"远程控制"旋钮向左旋，变为就地点火状态。

（3）选择自动点火旋钮或者手动点火按钮进行就地电动点火。① 自动点火：点火后系统将自动点火，每隔30s后再次点火，当连续3次后则停止点火。② 手动点火：按下手动点火按钮后将一直无间歇点火。

（二）远程点火操作

（1）点击上位系统页面"总貌"，选择进入相国寺集注站，此时在页面下方有6套辅助装置的进入选择按钮。

（2）选择进入放空系统，然后点击页面中的"放空火气区监控数据表"。

（3）进入页面后该页面分为2部分，一部分为放空火炬相关报警信息的描述和状态显示，一部分是放空火炬操作，其中放空火炬的操作分为RS485通信点火和DCS系统硬点连接点火，这两种点火方式互不干涉，且均设置有自动点火（系统每隔30s后点火一次）及手动点火（点击一次触发一次点火）2种方式，具体操作如下。

① RS485通信点火：首先点击系统复位按钮，再选择自动点火或手动点火。

② DCS系统硬点点火：先选择复位按钮，再选择远程自动点火或远程手动点火。

三、技术要求及注意事项

（1）管道上截止阀、闸阀的维护按截止阀、闸阀的维护要求定期进行，以保证其工作正常、性能稳定。

（2）高空上点火维护定期检查高能点火器的电气连接是否良好，每月至少进行一次点火操作，并检查操作面板上相关指示灯及开关、按钮是否能正常工作。

（3）对放空火炬点火系统控制箱进行检查前，保证箱体可靠接地，以免箱体上可能集聚的静电引起人员伤害。检查后应立即将箱盖关闭。在对高空点火装置进行检查前，为确保人员和设备安全，请先将点火装置与供电系统脱离，并确认防爆电气箱等接地可靠。

项目十一　消防泵运行操作

一、准备工作

（1）检查电源电压正常，运行指示灯显示停止状态、停止指示灯显示常亮状态。

（2）检查电源开关处于合位状态，就地操作时，"手动"状态灯亮，自动控制时，"自动"状态灯亮。

（3）清除机组上的杂物，检查基础螺栓是否松动。

（4）检查泵和电动机轴承是否得到润滑，检查电动机及其他电器和仪表是否正常。

（5）启动前，转动泵的转子，应能正常转动，无卡阻等现象。

（6）检查电动机的转向：从电动机顶部往泵看，泵为顺时针方向旋转。

二、操作程序

（一）稳压泵启动及停止

1. 就地启动及停止

（1）将稳压泵配电柜上的转换开关置于"手动"。

（2）通知中控室已做好启泵准备，得到中控室允许后，按下配电柜上的"启动"按钮，启动消防泵，当达到0.42MPa时，按下"停止"按钮停泵。

2. 远程启动及停止

（1）将稳压泵配电柜上的转换开关置于"自动"。

（2）集注站的室外消火栓系统通过两台消防稳压泵将管网工作压力维持在0.35MPa以上，因此稳压泵的启泵压力为0.35MPa，停泵压力为0.35/0.85=0.42MPa。当消防水管网压力低于0.35MPa时，通过稳压泵上的电接点压力表反馈，自动启动稳压泵，压力升至0.42MPa时停稳压泵，当消防水管网压力低于0.28MPa时，由消防泵出口电接点压力表接收到管网压力过低的信号，反馈信号至消防水泵控制柜，联锁启动消防水泵维持高压供水，压力升至0.67MPa后停消防泵。

（二）稳压泵的检查

1. 运行中检查

（1）观察配电柜稳压泵电动机电流不超过额定电流。

（2）观察仪表读数、轴承温度、机械密封漏水和温度，以及泵的振动和噪声等是否正常。

2. 停机后检查

（1）若环境温度低于0℃，泵运行结束后，应将泵内的水放出，以免冻裂。

（2）如密封环与叶轮配合部位的间隙磨损过大，应更换新的密封环。

（3）检查消防泵出口水力控制阀、回流控制阀是否关闭。

（4）若长期停止使用，应将泵拆卸清洗上油，包装保管。

（三）消防泵启动及停止

1. 就地启动及停止

（1）按下消防泵配电柜上的"手动"按钮，确认手动指示灯亮。

（2）告知中控室已做好启泵准备，得到中控室允许后，按下配电柜上的"启动"按钮，启动消防泵，20s后出口阀自动打开。

（3）按下配电柜上的"停止"按钮，消防泵停止运行。

2. 远程启动及停止

在中控室上位机的消防泵控制画面上点击按钮"ON"，按下消防泵配电柜上的"自动"按钮，确认自动指示灯亮，当消防水管网压力低于0.28MPa时，由消防泵出口电接点压力表接收到管网压力过低的信号，反馈信号至消防水泵控制柜，联锁启动消防水泵维持高压供水，压力升至0.67MPa后，现场人员确认压力，按下"停止"按钮，停消防泵。

3. 应急机械启动及停止

在应急情况下（远程和就地都无法启动的情况下），按下消防泵配电柜上的"手动"开关，直接人工转动机械启泵手柄，启动消防泵，人工转动机械手柄至原始位置，关闭消防泵。

（四）消防泵的检查

1. 运行中检查

（1）观察配电柜消防泵电动机电流不超过额定电流。

（2）观察填料是否漏水，正常情况下，应该是少量均匀，不能呈线形流动，如果呈线形流动需要紧固填料压盖。

2. 停机后检查

（1）若环境温度低于0℃，泵运行结束后，应将泵内的水放出，以免冻裂。

（2）如密封环与叶轮配合部位的间隙磨损过大，应更换新的密封环。

（3）检查消防泵出口水力控制阀、回流控制阀是否关闭。

（4）检查消防泵润滑油的油位是否处在油标的中线位置，不足时补充；检查是否有泄漏、渗漏现象。

三、技术要求及注意事项

（1）消防水泵转动声音异常应立即按下停止按钮，观察水泵出口压力表及储气罐压力表，观察压力是否正常。

（2）保持消防水泵区域卫生，泵体铭牌清晰完整，泵坑内有积水应及时排出。

（3）消防水泵应定期试转，记录运行状态。

（4）消防泵组用于有吸程场合，即进口为负压时，应先向管路中进行灌水或用真空泵引水，使水充满整个泵和进口管路，注意进口管路必须密封，不得有漏气现象存在（启动前严禁无进水启动，必须先进水，后启动）。

（5）应急机械启动只能在应急情况下使用，非应急情况禁止该种方式启动。

项目十二 给水泵站转水操作

一、准备工作

（1）在 DCS 系统中，点击"总貌"右下角人像图标，输入登录账号及密码登录 DCS 系统。

（2）点击 DCS 系统"总貌"中的给水泵站图标进入操作监控界面，检查确认 DCS 系统中给水泵站操作界面阀门开关状态、监控数据有无异常。

（3）进入"给水泵站数据监控表（一）"界面，检查画面左侧低压断路器状态信号、断路器状态信号等应正常。

二、操作规程

（一）启泵操作

在 DCS 系统给水泵站操作监控界面上依次进行以下操作：
（1）打开蓄水罐进水电动球阀；
（2）启动其中一台转水泵；
（3）待转水泵后端压力升至与出站压力一致后打开后端电动球阀，开始转水。

（二）停泵操作

（1）在集注站水池液位达到 2500mm 左右时停止之前启动的转水泵。

（2）每日在储气库管理处数字化平台—生产辅助管理—用水管理中录入昨日转水量及转水时间，转水量为给水泵站 TDS 电磁流量计"进水总管昨日流量"显示数据，转水时间通过人工记录数据或查询"给水泵房提升泵 A 出口压力"或"给水泵房提升泵 B 出口压力"历史曲线得出。

三、技术要求及注意事项

（1）转水前确认集注站新鲜水池及消防水池液位是否需要转水，一般要求新鲜水池液位在 500mm 以下、消防水池液位在 2000mm 开始转水。

（2）转水前确认给水泵站储水罐液位是否满足转水要求，一般要求在 1800mm 以上，否则应打开储水罐进水电动球阀进行自动补水。

（3）给水泵站两台泵应轮换启动，确保两台泵均处于完好状态。

项目十三　手持终端巡检仪操作

一、准备工作

工具：手持终端巡检仪。

二、操作规程

（一）通知接收

登录手持终端，首页上方滚动显示平台下发的通知公告信息。在首页点击通知公告，跳转到通知公告查看页面。

（二）进出站管理

点击进出站管理菜单进入操作列表。

1. 进站登记

点击【进站登记】弹出选择进站方式模态框，点击选择进站方式进站。

（1）准入码：输入平台生成的有效准入码。

（2）智能工牌：扫描 RFID，RFID 和人员信息管理的工卡 ID 绑定。

（3）普通工作证：输入中油 AD 域账号，点击【确定】按钮。

2. 操作步骤学习

进出站信息填写完成后，点击【确认完毕，验证进站】按钮进入操作步骤学习页面，步骤确认完成，点击【拍照登记】进入拍照界面，点击【直接拍照】签字页面。

3. 进站人员签字

拍照完成，确认之后由负责人签名，点击白色背景的"×"重新签名，点击蓝色背景的"√"提交签名，点击【提交】进站完成，成功跳转至进出站管理列表界面。

4. 出站

点击进出站管理列表上的【出站】按钮，在弹框内输入出站人数，点击【确认出站】，出站成功。

（三）工作动态

点击进入工作动态，页面显示自动生成的工作成果动态及手动发布的工作动态，可以为同事发布的动态点赞和评论交流。

点击右上角【上传动态】可分享工作内容到工作动态，输入文字和添加照片，点击【保存上传】即可发布动态。

（四）自主任务

点击进入自主任务页面，可根据工作质量标准开始自主任务执行工单，工单执行完成后自动上传到管理平台。

（五）标签管理

（1）点击标签管理菜单进入标签管理列表页面。

（2）点击"未绑定"的设备识别智能标签，识别成功，成功绑定 RFID。

（3）点击页面右下方的扫描图标，识别智能标签筛选数据。

（4）点击"已绑定"的设备，弹出重新绑定标签的确认弹框，点击【确定】按钮识别智能标签，识别成功，成功绑定 RFID。

（5）点击【上传标签信息】按钮，上传本次绑定标签的全部信息。

（六）油水车管理

（1）点击油水车菜单，进入油水车拉运列表页面。

（2）点击"未进站"的油水车，跳转到油水车详情页面。

（3）点击【准备进站】按钮，页面下方显示相关操作卡列表，选择要执行的操作卡点击【执行】跳转到工单执行界面。

（4）工单完成后，车辆进站成功，点击"已进站"的油水车，进入油水车详情页填写货运信息，点击【保存提交】按钮完成油水车拉运。

（七）作业许可

（1）作业许可签发到平板，作业状态为"待执行"。

（2）点击作业许可弹出提示框，点击确认按钮获取执行权。

（3）获取执行权的作业状态为"执行中"，下方对应次数图标显示为 ，可执行该作业许可；其他人员正在执行的作业许可对应图标显示为 ，不能执行该作业许可。

（4）作业许可详情页面，按照"现场隔离—气体检测—作业许可操作步骤"的顺序执行任务。

（5）作业许可详情页面，点击【立即隔离】进入现场隔离页面；点击作业要求下方的拍照图标，将隔离方案、清单及状态拍照，拍照后点击【立即隔离】或【暂不隔离】按钮。

（6）作业许可详情页面，点击【立即检测】进入气体检测与监测界面，点击右上方的【立即检测】进入检测录入界面。

（7）检测录入界面，在输入框输入数据，点击作业要求下方的签字图标，签好字点击【保存】。

（8）作业许可详情页面，点击待执行的步骤图标进入步骤执行界面。

①点击右上方的"属地监督"可切换到相应的属地监督界面。

②点击【立即检测】可进入到气体检测录入界面。

③作业要求下方3个图标分别是备注、照相、签字，有蓝框的是需要完成的作业

要求。

④ 点击【查看附件】可查看作业许可相关附件。

⑤ 点击【票证位置】可查看步骤对应的票证位置。

⑥ 点击【暂存退出】可暂存操作数据退回作业许可详情界面。从左上方的箭头退出将会清除当前数据。

（9）气体检测倒计时 5min 时强制提醒，页面弹出气体检测弹框，点击【立即检测】可进入气体检测录入界面；在规定时间内没有进行气体检测，除关闭操作不能操作任何事项。

（10）完成工作界面交回，作业许可信息被上传，页面返回至列表界面，已完成的作业许可图标显示为完成状态，执行下次作业许可需要重新获取执行权。

（11）完成 7 次作业许可、满 15 个工作日未进行关闭或者作业中途已经进行关闭操作但是未完全关闭，作业许可状态为"未关闭"，在作业许可详情页面，点击右上方【关闭作业许可】进入关闭作业许可界面。

（12）点击【关闭】按钮弹出提示框，点击确认，作业许可关闭成功。

（八）属地监督

（1）进入属地监督菜单，点击列表中的作业许可，左边展开显示此作业许可相关的 JSA。

（2）点击其中一个 JSA，弹出提示框，点击确认按钮获取执行权。

（3）获取执行权的 JSA 对应图标显示为 🔒，可执行该 JSA；被其他账号获取执行权的 JSA 对应图标显示为 ♻，不能执行该 JSA。

（4）步骤执行界面：

① 点击右上方的"作业许可"可切换到相应的作业许可页面；

② 已完成当前步骤或已知晓步骤内容可点击【完成】或【知晓】按钮；

③ 点击【重置】按钮可清除当前已选项，清除后可重新选择；

④ 完成属地监督任务后，点击右上方提交，可提交 JSA 信息，页面返回到 JSA 选择界面；

（5）提交属地监督信息后返回至 JSA 选择界面，已完成的 JSA 图标显示为完成状态，执行下次 JSA 需要重新获取执行权；

（6）执行完 7 次属地监督任务，作业状态为"未关闭"，不能再进入属地监督执行页面，等作业许可关闭操作执行完成，此作业许可会从属地监督列表消失。

三、技术要求及注意事项

（1）使用手持终端巡检仪前应确保设备电量充足。

（2）登录前检查终端是否已经连接网络（内网及外网均可），否则无法接收任务。

（3）手持终端巡检仪应定期清理内存，确保运行流畅。

（4）执行任务前应先确认 Web 端已下达任务。

项目十四 视频控制系统操作

一、准备工作

（1）视频监控主机及配套软件一套。
（2）主机网络连接正常，视频图像正常显示。

二、操作规程

（一）实时视频图像查看

（1）打开视频控制电脑上"视频监控客户端"软件。
（2）软件打开后在左边选择需要查看画面的摄像头。

（二）视频回放和录像导出

1. 视频回放

（1）打开视频控制电脑上"视频监控客户端"软件。
（2）软件打开后在左边选择需要查看画面的摄像头。
（3）将鼠标移至需查看回放画面的摄像头上，然后点击右键选择"回放"。
（4）此时弹出回放画面，即可查看回放录像。
（5）若要查看某个时间段的录像，使用鼠标左键点击蓝色区域按住不放，然后向前移动或向后移动，到达查看时间点后放开。然后点击播放键，等待片刻后即可开始播放。

2. 视频导出

（1）将定位线放置在需导出的录像起始位置。
（2）点击"片段起始"键。
（3）将蓝色区域向左拉，将定位线放置在需结束的时间点上，然后点击"片段结束"键。
（4）点击"录像导出"键，在弹出的对话框中选定录像名称和保存位置。
（5）在转换进度条结束后，录像片段就保存在了选定的保存位置上，导出的文件有2个，一个是录像文件，一个是录像内文字描述文件。

（三）故障处理

如果无法查看视频实时显示图像，应该是视频服务器中的"服务端"软件卡死，此时只需要重启视频服务器即可，具体步骤如下。

（1）关闭实时查询软件后点击视频控制电脑上的"远程桌面连接"图标，在弹出对话框中输入服务器 IP 地址。然后点击进入。

（2）进入服务器后注销该服务器。

（3）等待几秒后再重新进入服务器，然后关闭"远程桌面连接"即可。

（4）在视频控制电脑上双击"视频监控客户端"软件进入，即可查看实时画面。

三、技术要求及注意事项

（1）在录像回放时间轴上，蓝色部分为录像视频资源，黑色部分表示录像未录制。

（2）导出视频时，在点击"片段结束"键后，所选择的录像片段会有一条横线在蓝色区域顶部显示。

第五章

设备维护与故障分析判断处理

项目一　清管收发球故障判断与处理

一、准备工作

（1）材料：清管器、润滑脂、清洗液、验漏液、乙二醇、清管器信号接收/发射器。
（2）工具：消防车、"F"形扳手、专用收取球工具、清洁工具。

二、操作程序

清管作业的开展应根据《石油天然气管道安全规程》（SY/T 6168—2009）、《天然气管道运行规范》（SY/T 5922—2012）、《油气管道内检测技术规范》（SY/T 6597—2018）为依据执行。一般发球、收球流程如图 5-1 和图 5-2 所示。

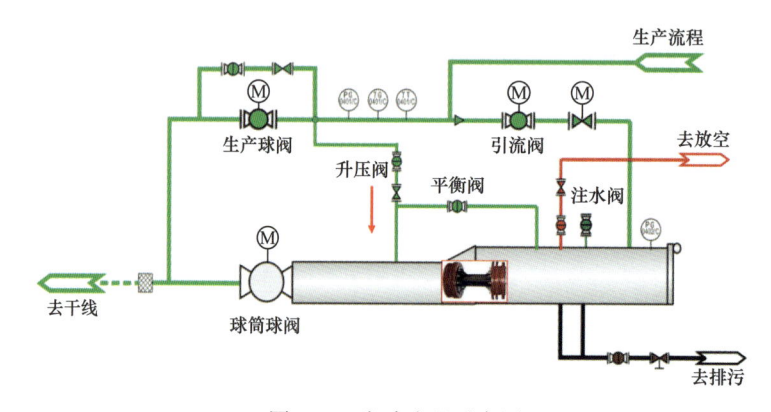

图 5-1　发球流程示意图

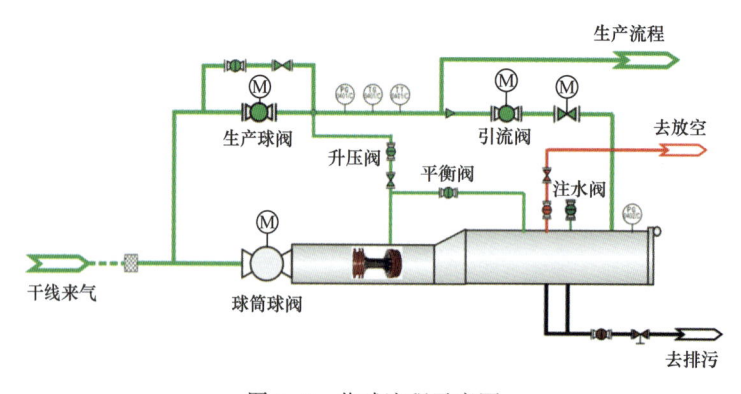

图 5-2　收球流程示意图

在作业开展中会遇到不同的故障，清管收发球故障判断与处理方法如下。

（一）发球准备过程故障判断及处理

发球操作异常情况主要为清管器未发出，其主要原因有流程倒换不当、清管器过盈量不够。

1. 流程切换不当

（1）球筒球阀操作不当。

未开启球筒球阀会导致球筒压力平衡后，此时关闭生产球阀发球，造成场站及发球筒憋压。发球气量较大时，场站及发球筒压力会迅速上升，甚至引起场站安全阀起跳等后果。

未完全开启球筒球阀（人为操作失误或球阀开关指示器偏移）会导致球阀通径减小，发球时清管器无法通过。

开启过早，球筒压力低于出站压力时就过早开启球筒球阀，会将清管球推回至球筒大径部位而失去密封，无法建立推球压差，清管器不能发出。

（2）球筒大小头平衡阀未关闭。把清管器放入发球筒大小头前，应打开球筒大小头平衡阀（防止球筒球阀内漏将清管球推至球筒大径部位而发生窜漏）。关闭生产球阀发球时，若未关闭球筒大小头平衡阀，则清管球前后不能建立推球压差致使清管器不能发出。

（3）球筒进气控制阀开度过小。球筒进气控制阀开度过小，在关闭生产球阀发球时，发球端升压缓慢，短时间达不到推球需要的压力。若发球气量较大时，可能造成清管器未发出，场站已经憋压。

（4）生产球阀未关或关闭不严。球筒球阀开启后，未关闭生产球阀，不能建立推球压差，清管器不能发送出去。若发球气量不足，同时生产球阀关闭不严（未完全关闭或内漏），发球时长时间不能建立推球压差，清管器不能发出。

2. 清管器过盈量不合适

过盈量指密封盘外径大于管道内径的值与管道内径的百分比，标准双向清管器过盈量一般宜在1%~4%。

（1）过盈量过小，会导致密封不严而窜气，不能形成推球压差。

（2）过盈量过大，清管球运行阻力增大，在较大压差下也不能启动运行。严重时形成球卡，达到允许最大推球压差也不能将清管球发送出去。

3. 发球操作过程中推球压差不足

推球压差过低将导致标准双向清管器无法发出，其运行速度宜控制在3~5m/s，根据公式推算压差应控制在0.2~0.3MPa，若在此压差控制范围内无法发出球筒，则可按照0.05MPa压力增加后再次进行发球操作。

（1）推动清管器气量过小，短时间不能形成足够的推球压差。

（2）清管器放置位置不合适：清管器放置时，若未放到大小头的小径部位并顶紧，会造成清管器密封不严而窜气，不能形成推球压差。

4. 球筒球阀内漏

球筒球阀内漏较大时，会导致在清管器被顶紧在大小头处的后期操作过程中，小筒段压力上升，清管器在球筒还未进行升压前已被推回大筒段或顶紧密封状态改变。球筒球阀内漏较小时，可通过加快后续操作，快速提升球筒大筒段压力将清管器压入小筒段；当球筒球阀内漏较严重时，通过注清洗液或注脂对内漏球阀进行初步处置，若注脂后仍出现较为严重的内漏现象则需要更换阀门后再次进行清管作业。

（二）清管作业过程故障判断及处理

清管器运行过程中操作异常情况主要有清管器发生窜漏、卡阻、长时间未收到清管器。

1. 清管器窜漏

清管器窜漏是指在清管器运行过程中，清管器外壁与管道内壁未形成有效密封，气流沿两者间缝隙通过，推动清管器运行的压差过小，导致清管器停滞不前或运行速度大大降低，此时，管道内气流能通过，管线两端压差较正常输气压差变化不大。

（1）清管器过盈量不足，导致运行过程中磨损清管盘，发生窜漏现象。

窜漏不严重时，可以通过提高发球端压力或降低收球端压力，增加清管器前后压差的方法进行解除；窜漏严重时，重发过盈量符合要求的清管器，推动前端清管器回收。

（2）管道变形、管线内有杂质、粉尘堆积、局部水合物等较大固体异物时，会破坏清管器与管壁之间的密封条件，发生窜漏。

对于变形严重的管段，在清管前需要进行更换；对于存在水合物的管线，在清管前，应提前采取降压、加注防冻剂等措施，使管内水合物分解，若在清管过程中发生水合物堵塞，建议采用整条管线降压方式解堵。

（3）清管器破损。清管器前后压差过大、运行速度过快、管道内壁存在焊刺，或清管器本身存在质量问题等，都可能会导致清管器破损。

合理选用清管器，对管道内壁锈蚀较重或存在焊刺的管道，可采用带钢丝的清管器进行反复清管；在操作过程中，合理控制清管器前后压差和运行速度，常用清管器一般推荐运行速度为3~5m/s。

2. 清管器卡阻

清管器卡阻是指清管器停滞于管道内不能移动或移动缓慢，管道两端压差较正常情况大幅上升。此时，管道内气流不能通过，或通过量较小，导致输气被迫中断。

（1）当管道内存在更为严重的管道变形或异物堆积堵塞情况时，清管器被卡死在堵塞点，标准双向清管器前后压差大于0.5MPa时，可判断为清管器被卡堵。

发生卡堵时，可采取提高发球端压力、降低甚至放空收球端压力的方式来增大压差至1MPa左右；水合物堵塞可放空管道压力，待水合物分解后再进行清管作业。

上述措施不能解决卡堵问题，在具备条件的情况下，可采用反推方式解卡，即降低发球端压力、提高收球端压力，将清管器反推活动解卡或推回发球筒；若以上方法均不能解除，则应确定清管器的卡阻位置，采取割管方式将清管器取出。

（2）管道内积液杂质太多。当管道沿途起伏高差较大或管内污物较多时，需要更大的运行压差才能推动清管器运行，管道沿途地势起伏上坡段累计高差大时，管内积液会在低洼和上坡段形成液柱，多处上陡坡段形成的液柱阻力具有累积效应，会对清管器运行形成较大阻力。

对于管内污物较多或起伏累积高差较大的管道，应加密清管频次；在发生卡阻后，采用提高推球压差无效时，建议反向将清管器推回发球筒，再采取较小过盈量的清管器进行多次清管，过盈量较小可提高清管器通过能力，即人为地让部分积液或污物窜漏，多次清管分次排出。

3. 线路阀室的故障判断与处理

作业开展前，首先应确认线路阀室球阀开、关状态，是否存在阀门无法全开的情况；然后确认阀室气液联动球阀的自动关断功能已屏蔽，若自动关断功能未屏蔽，在标准双向清管器通过气液联动球阀时可能会触发自动关断功能。

（三）收球故障判断及处理

发球操作异常情况主要有清管器未收到，主要原因有推力不足、清管器在管线中停留。

1. 接收不到清管器

在清管作业过程中，有时会发生收不到清管器的现象，即清管器发送操作后长时间未收到，且管道运行工况相对正常输气未见明显变化的现象。

（1）清管器在运行过程中导向盘破碎，破碎盘成为杂质堆积在管道内。

当清管作业中存在清管器前后压差过大、运行速度过快、管道内异物突出或清管器本身质量欠佳等情况时，清管器在运行过程中可能发生导向盘破碎情况。处置措施：判断清管器破碎后，为防止破损的清管器进入下游管路，导致流程堵塞，应及时安排再次进行清管，将残余的清管器排出，确保管路畅通。

（2）清管器被挤入管线支路、在三通等通道突变处及阀室内停滞。

当所清管的管道沿途存在T接管线时，由于三通处气流通道变化或因气流流向影响，清管器易被挤入三通支线或在三通处停滞。处置措施：发生类似故障可参考清管器发生窜漏时的处置方式进行处理；清管作业前应掌握管道沿途设备设施情况，T接管线应采用具有档条的三通来防止清管器在三通、管线支路等通道突变处停滞；发球前确认沿线阀室旁通流程关闭，防止清管器在旁通流程间无压差，导致停滞。

2. 收球筒异常带压的故障判断与处理

标准双向清管器进入收球筒后进行球筒放空操作，若在放空过程中未开启平衡阀，可能会出现标准双向清管器后端压力未释放彻底，但压力表显示放空为"0"的情况，且可能在球筒球阀存在内漏的情况下，造成后端压力逐步升高，在拉出标准双向清管器时后端压力可能会将其顶出，造成事故。所以在球筒泄压时，应开启平衡阀，确保球筒不会出现压力堆积现象。

3. 污物类型判断及处理

（1）二硫化亚铁、硫化亚铁、三硫化二铁统称硫化铁，是一种固体黑色粉末（图5-3），一般是氧化铁脱硫剂脱硫后的产物，其被空气氧化时会放出大量的热量，由于局部温度的升高加速周围硫化铁的氧化，形成连锁反应。如果污物中存在炭、重质油，则它们在硫化铁的作用下会迅速燃烧，放出更多的热量，这种自燃现象易造成火灾爆炸事故。硫化铁的自燃点大约为40℃。所以收球发现球筒内存在硫化铁时，应使用带有阻燃材质的容器收集，并及时向容器内反复浇水浸湿，如有条件最好让容器内充满惰性气体。

（2）水合物，是指天然气中的组分与水分在一定温度、压力条件下形成的白色晶体，在收球过程中若发现球筒内存在大量水合物（图5-4），则应向球筒内加注乙二醇进行浸泡，加速水合物融化。

图5-3　收球筒中的硫化铁　　　图5-4　收球筒中的水合物

三、技术要求及注意事项

（1）球筒升压、放空过程中注意盲板部位密封圈密封情况。

（2）阀套式排污阀安装时应在阀体底部预留200mm以上的拆卸空间，且根据清管作业开展次数和清出污水量拟定期限对排污阀进行维保和清洗。

（3）采气干线由于存在乙二醇、游离水，宜考虑为湿管线，采用威莫斯公式（管壁粗糙度大）或采用潘汉德公式（气质较好的新管线）计算，当管输效率小于80%时，应安排清管作业，每次清出污物参考量应小于$5m^3$/（段·次），可认为达到清管目的。

（4）输气干线宜采用潘汉德公式计算，公称通径在500mm及以下管线管输效率小于90%、公称通径在500mm以上管线管输效率小于95%时，应安排清管作业。输气干线清管周期原则上为3个月，气质控制好且连续两次清管污物少于10kg的管道，清管周期可延长至半年。

（5）管输效率难以计算（老管线测绘数据不齐全或多相流管线），可根据管道输送压差的变化合理安排清管作业。

（6）管道停运检修或恢复生产前应进行一次清管作业。

（7）长输管道清管时必须安装信号发射器。

（8）组装清管器前应测量清管器密封盘过盈量（测量密封盘外径大于管道内径的值与管道内径的百分比），过盈量一般控制在1%～4%。

（9）使用球筒前确定收发球筒上的压力表是否检测合格且处于有效期。

（10）发球时，球筒升压时，应开启平衡阀，如果关闭平衡阀则可能出现清管器前端压力高于后端，从而打击盲板；关闭生产球阀时，应关闭平衡阀，否则可能导致清管器无法发出。

（11）收发球筒升压至 0.5 倍工作压力时应验漏检查，合格后继续升压至工作压力。升压速度小于 1MPa/min 为宜。

（12）球筒放空前应打开平衡阀，如果未打开平衡阀则可能出现清管器后端压力未释放彻底，从而造成事故，且打开球筒时严禁正对盲板。

（13）清管器在运行过程中，推球压差宜控制在 0.2~0.3MPa，运行速度宜控制在 12~18km/h（3~5m/s）内。

（14）在清管期间，应保持管道平稳运行，不宜停输或频繁操作，随时监控分析清管管段的运行参数及变化情况，并向下一站及监听点发布清管器运行位置预告，以便下一站提前做好接收或监听准备。

（15）首次清管管道长度大于 10km 宜设置监听点，监听点按照 10~15km 设置 1 处，原则上应设置在沿线进气点、阀室、露管及接收站前 0.5~1km 处；对于已经成功清管多次的管线可适当减少监听点，但阀室和重点穿越（如大型河流穿越前、后）应设置监听点。

（16）针对储气库冬季采气特点，在冬季采气干线清管作业前，应提前加大采气干线的乙二醇防冻剂加注量，降低清管器水合物卡堵风险。

（17）对于清管橇区域，除生产球阀外的电控阀门，在流程倒换后必须将阀门控制状态导入就地状态（LOCAL），防止阀门在收球时误动作。

项目二 DTY4000电驱式压缩机机组维护保养

一、准备工作

（1）材料：过滤元件、润滑油、防冻液、填料盒、刮油环、填料包、气阀包、润滑油滤芯、活塞支撑环及密封环等压缩机配件。

（2）工具：压缩机零件拆卸专用工具和专用测量量具，扭力套筒扳手、英制内六角扳手、重力套筒、双头梅花呆扳手、双头开口呆扳手、平口螺丝刀、十字螺丝刀各一套，活动扳手8~18in各一把及其他相关工具。

二、操作程序

（一）预防性维护保养及日常维护

（1）接受调度指令并与技术员取得联系。

（2）在维护保养中，首先应做到清洁，无论是润滑油还是冷却水，都应保持其清洁。

（3）应保证曲轴箱和注油器内有足够的润滑油，并防止水或杂质进入润滑系统。

（4）检查冷却液位，冷却液位应在2/3位置，冷却系统不允许有气堵。

（5）机组启动前，使活塞处于不同的位置，启动注油器电动机注油，以预润滑气缸、活塞杆。

（6）对于刚启动的机组，启动后不要马上加载，应使其空转5~10min，待机组升温后再加载。

（7）在机组的运行过程中，应避免超载运行。

（8）对运转中发出的不正常响声和泄漏，应停机查找原因，排除后再启动运行。

（9）检查并消除机组油、气、水泄漏现象，保持设备表面和环境的清洁。

（10）监视检查润滑油注油器、齿轮油泵工作情况，机组各部位运转有无异响和振动。

（11）检查压缩机系统进排气压力、温度是否正常。

（12）检查机组地脚螺栓和连接部紧固情况及压缩机的振动值。

（13）检查并排除分离器、除油器集液。

（14）检查各控制仪表工作是否正常。

（15）检查电气设备工作是否正常。

（16）检查联轴器连接情况。

（17）检查润滑油的油位、油温、油压和油质。

（18）检查润滑油过滤器压差。

（19）检查强制注油器的注油频率。

（20）检查机组各运动部位温度。

（21）检查电动机轴承温度、绕组温度、电动机振动值。

（22）检查电动机轴承两端有无异常振动声响，滑动轴承油位及是否漏油。

（二）压缩机组 700h 维护保养内容

（1）接受调度室指令并与技术员取得联系。

（2）执行预防性维护保养及日常维护内容。

（3）检查确认安全停机功能。

（4）检查并紧固各部位连接螺栓，确认各附件连接牢固；检查接线盒导线和接地线，紧固各接线端子。

（5）清除接线盒内部沉积的污物和湿气，清洁绝缘部件表面，检查密封情况；检查电动机轴承。

（6）对压缩机组润滑系统压力、温度、滤油器滤芯进行检查，注油器、泵油系统清洗检查；检查机身呼吸阀是否堵塞。

（7）检查冷却系统温度、流量等；对空冷器冷却管束进行清洗，检查是否泄漏；检查活塞杆填料、检查十字头和滑道间隙；检查并记录可调余隙阀卸荷器（VVCP）的设置；对一级、二级压缩缸（共计6个）内径进行测量。

（8）检查并记录数据：活塞杆跳动、压缩缸前后止点间隙、十字头滑道间隙。

（9）检查仪表控制部分所有安全保护装置和仪控系统的工作可靠性、灵敏度，测试压缩机组的安全停机功能。

（10）检查 MCC 柜各器件触点是否有烧蚀或打火迹象，测试电动机启停功能良好。

（11）检查电动机、压缩机对中、轴向窜动情况，并调整。

（三）压缩机组 4000h 维护保养内容

（1）接受调度室指令并与技术员取得联系。

（2）执行压缩机组 700h 的维护内容。

（3）检查润滑系统，更换易损件。

（4）检查调整机组固定螺栓扭矩。

（5）检查机身水平度和联轴器对中。

（6）对辅助泵加注规定牌号的润滑脂。

（7）校验压力表、压力变送器、热电偶、热电阻、安全栓等。

（8）检查空冷器扇叶的倾角、磨损情况和固定螺栓。

（9）对阀门注脂、活动、清洗及自动阀门打点测试。

（10）检查并记录数据：活塞环及支撑环开口间隙和侧向间隙。

（11）检查电动机基座稳固情况。

（12）检测绕组绝缘电阻。

（13）检查电缆、绝缘件及元器件是否完好。

（14）检测冷却空气测温元件、振动探头。

（15）检查接线盒的紧密度、绝缘损坏情况；清洁并干燥接线盒。

（16）按时更换润滑油，更换前应抽样送检。

（17）检测正压式防爆装置的各级管线是否泄漏、通风压力值是否正常。

（18）测试机壳内压缩空气最小压力值。

（19）检测放空阀的进出压差并相应调整放空阀开度和补压阀补气状态。

（20）检查外风扇无裂纹，清洁外风扇。

（四）压缩机组 8000h 维护保养内容

（1）接受调度室指令并与技术员取得联系。

（2）执行压缩机组 4000h 维护保养。

（3）全面检测机组精度，包括传动机构、主机对中、水平度、跳动参数、仪表控制系统等的精确度与调整，全面检测机组压力容器及管路，摸清机组精度下降情况，性能劣化趋势，掌握本质安全信息。

（4）压缩机部分：清洗润滑油冷却器、检查调校安全阀、检查连杆轴承和主轴承、检查十字头、十字头销和衬套；检查并记录活塞、活塞杆、活塞环、气缸的磨损情况以及活塞开口间隙和侧向间隙，必要时进行修理或更换。检查调整压缩缸活塞死点间隙，使缸头端为曲柄端间隙（冷态）的两倍。检查活塞杆填料的磨损和密封情况，更换磨损件。

（5）仪表控制部分：润滑油分配阀接近开关、机组振动开关、油位水位开关等开关清洗检查调整；热电偶、变送器、压力变送器及管路、压力表等的检查、检测和调整；站控系统中间端子柜、下位机和触摸屏检测、检查和调校等。

（6）辅助电动机及 MCC 柜部分：检查并紧固各连接螺栓；检查各附件连接是否牢固；检查接线盒导线和接地线，紧固各接线端子；清除接线盒、MCC 柜内部沉积的污物和湿气，清洁绝缘部件表面；检查 MCC 柜各器件触点是否有烧蚀或打火迹象；检查 ETN 电动机保护器参数设置是否正确；检测电动机三相运行电流电压，测试电动机启动、停止、保护功能是否正常。

（7）全面检查紧固机组各连接螺栓，消除漏油、漏水、漏气等问题。

（8）清洗检查润滑装置、润滑系统管路及阀、泵等零部件，更换修理损坏件。

（9）检查更换冷却器风扇传动、水泵机械密封和水泵其他易损件。

（10）检查记录活塞杆磨损情况、链轮传动装置的磨损情况，填料的磨损和密封情况，更换磨损件。

（11）清除散热器、冷却器内外污物并予以清除，检查有无泄漏。

（12）对压缩机组管道上的仪器仪表进行检查、清洗和校验。

（13）检查仪表控制系统线路连接情况、各仪表工作性能，接地电阻等。

（五）主电动机 20000h 维护内容

1. 定子检查

（1）清洁电动机定子内腔、绕组端部。

（2）检查定子槽楔是否脱落或老化，做修复处理。

（3）检查绕组引出电缆状态。

（4）检查表层绝缘老化情况。

（5）检测绕组对地绝缘值，检测绕组极化指数，测量各相直流电阻。

（6）对绕组匝间做中压脉冲试验。

2. 转子检查

（1）检查风扇叶片和平衡配重块的安装状态。

（2）对轴承位打磨保养，做粗糙度检测。

（3）检查转子绕组阻尼条焊接状态。

（4）检查转子绕组绝缘状态。

3. 轴承检查

（1）拆卸检查轴承内部。

（2）检查油环外观形态。

（3）检查轴瓦间隙，在轴直径的 0.1%～0.15% 之间。

4. 其他部分检测与修复

（1）重新更换机身上所有密封件。

（2）清洁冷却空气管和冷却回路。

（3）清除栅格或散热片上的杂质和灰尘。

三、技术要求及注意事项

（1）作业人员进入厂房前，需穿戴齐整劳保与防护用品，如工衣、工帽、工鞋、护目镜、耳塞、手套、便携式气体检测仪等。

（2）作业人员进入厂房后，召开安全技术交底会，明确作业目的及程序，落实各项安全措施及人员分工。

（3）对进入现场的设备及工器具进行入场检查，具体检查标准参照《中国石油西南油气田公司工器具设备安全检查手册》执行。

（4）严格执行安全操作规程。

（5）产生的固体废物，如发片、弹簧、密封件等需按照固废处置规定进行处置。

（6）所有机组设备设施安装间隙必须符合《中国石油西南油气田分公司设备管理办法》（西南司设备〔2016〕6号）及相关标准、规范。

（7）工况调整不能带负荷操作。

（8）流程倒换应遵循先开后关原则。

（9）工艺管线阀门状态改变后应及时对开关指示牌进行更新。

（10）只有经过适当培训的人员才能操作或维护该机组。

（11）如果在旋松法兰、封头、阀盖或橇上的螺栓前未对压缩机完全排气，可能造成严重的人身伤害和财产损失。

（12）噪声可能损坏听力，在操作压缩机时请佩戴听力保护器材。

（13）进气阀和排气阀的不正确安装可能造成严重的人身伤害和财产损失。

（14）在拆卸任何一个阀盖前，所有螺栓松开 3mm，确保阀盖松动，请确认压缩机气缸中的所有压力都已完全泄压。

（15）装气阀垫片应涂抹抗咬合润滑剂，防止垫片掉落。

（16）活塞在汽缸中的止点位置时的间隙，缸头端是曲柄端 2 倍。

（17）拧紧气阀盖时应对角拧紧，严格按照要求的扭矩值紧固。

（18）确保所有零部件、垫片表面及配合面完全干净；安装螺栓时在螺纹上涂上干净、新鲜的机油。

（19）在打开设备维护前必须隔离系统并上锁挂牵。

（20）所有生产资料应取全取准，启机前后应与中控室、供电岗位沟通并获得许可。

（21）操作过程中如遇异常情况应按相关预案进行处置。

项目三　井口安全系统常见故障分析判断

一、准备工作

（1）材料：液压油、卡套接头、生料带、手拉阀、阀件维修包、吸油毛巾。
（2）工具：开口扳手、活动扳手、平口螺丝刀、管钳、十字螺丝刀、割管刀、弯管器（3/8）、手工试压工具一套（含管线、连接接头、手动泵、电子压力表）。

二、井安系统常见故障处理

（一）井安控制柜无法打压

（1）检查地面安全阀外观有无异常漏油。
（2）检查地面安全阀是否处于全开状态（生产时）或全关状态（关井时）。
（3）检查地面安全阀是否有泄漏现象。
（4）检查井口地面安全阀外观有无异常。
（5）检查井口地面安全阀是否处于全开状态（生产时）或全关状态（关井时）。
（6）检查井口地面安全阀是否有漏气现象。
（7）检查控制柜外观有无异常。
（8）检查蓄能器压力表示值是否在工作压力范围内。
（9）检查控制柜上其余压力表是否有异常。检查控制柜各阀件、管线、接头等有无异常、漏油现象。
（10）检查油箱油位是否正常——当安全阀处于打开状态时，油量应在液位计1/2位置附近。
（11）检查外部连接管路（控制柜到安全阀、控制柜到高压感测点、控制柜到失压感测点）有无漏油、漏气现象。
（12）检查取压感测点处截止阀、气液转换器是否完好、有无泄漏现象。
（13）检查电气元件、电缆管线是否完好无破损。

（二）井安系统异常关井

（1）核对主控室关井记录，判断是否是联锁条件关井，若是管线异常关井则需检查管线后重新开井。
（2）现场检查控制面板压力表参数，如各参数正常则可能是联锁关井，只需检查电磁阀是否发热投用、高低压取压口压力是否正常，以上两个检查点恢复正常参数后，按正常流程开井即可。
（3）面板参数异常无法开井，压力无显示，则是系统存在漏油，重新开井检查漏点并处理漏点即可。

（三）氮气压力下降快

（1）检查控制柜各管线有无漏油。

（2）检查回油管线，找到内漏阀门维修更换即可。

（四）地面安全阀卡死、漏油

（1）阀体内冰堵等堵塞空间、机械性卡死，使用热水融化冰水混合物后如仍无法开启则需拆开检查、清理维修。

（2）活塞杆密封损坏失效、活塞密封损坏失效，更换即可。

（3）关井后井内压力过高，而驱动器缸油（气）压力过低。

（五）地面安全阀内漏

（1）阀板、阀座间金属密封面失效。

（2）阀座密封圈损坏失效。

三、维护与保养

（1）检查井安系统各流程是否正确。

（2）检查氮气瓶压力是否正常、氮气源是否正常、无漏气。

（3）检查控制柜上各压力是否正常。

（4）检查地面安全阀是否正常（密封情况、阀位状态）。

（5）检查井口针阀有无渗漏。

（6）检查气动泵能否正常工作。

（7）检查井安系统各连接管线接头有无渗漏。

（8）检查柜内各部件是否正常工作（主要包括：中继阀、调压阀、安全阀等）。

（9）检查油箱液位是否正常（检查油箱全部回油后液压油是否超过上限溢出，系统打压后油箱液位是否低于下限并补充）。

（10）关井、远程ESD关井、远程阀位状态指示和远程压力信号等。

（11）清洁卫生。对所有过滤装置清洗或更换（泵进口、出口处）。

（12）检查油箱全部回油后液压油是否超过上限溢出，系统打压后油箱液位是否低于下限（30%）并补充，检查液压油品质，如有变质、乳化现象则更换液压油。

四、技术要求及注意事项

（1）使用和维护过程中应当注意到压力管道元件的破损可能对自己或他人造成人身伤害，并采取适当的防护措施。

（2）登高手动开关井口地面安全阀时应注意高空作业危险的防范。

（3）有处理不了的问题应及时联系相关人员（生产管理人员、厂家售后服务人员、井安维护人员）。

（4）井安系统的操作必须参照使用手册进行。

（5）生产操作人员对常见问题和风险应有一定的预判能力。

（6）生产操作人员应了解井安系统的基本结构组成和工作原理。

（7）生产操作人员应会井安系统的基本操作程序。

（8）导阀调定压力一经调定，不得随意重新调整。需要调整时宜由制造商或专业维护人员进行。

项目四　火灾报警按钮与火焰探测器维护与故障处理

一、准备工作

（1）材料：棉纱、黄油。
（2）工具：万用表、十字螺丝刀、内六角扳手。

二、设备结构及工作原理

（一）火灾报警按钮

1. 工作原理

手动火灾报警按钮安装在公共场所，如建筑物过道的墙壁上等比较醒目的地方。当确认火灾发生后，按下按钮上的玻璃面板，可向控制器或 PLC 发出火灾报警信号，控制器或 PLC 接收到报警信号后，可控制报警设备发出报警声响。

2. 接线控制

火灾报警按钮通过无源常开输出端子，用来接外部设备（或空置）。当报警按钮按下，通过二总线向火灾报警控制器或 PLC 发出火灾报警信号，输出触电闭合信号，可直接控制外部设备。

（二）火焰探测器

1. 工作原理

物质在燃烧时，产生烟雾和放出热量的同时，也产生可见的或大气中没有的不可见的光辐射，火焰探测器可探测这些信号。

火焰燃烧辐射光波段火焰探测器又称感光式火灾探测器，它用于响应火灾的光特性，即探测火焰燃烧的光照强度和火焰的闪烁频率的一种火灾探测器。

2. 火焰探测器分类

根据火焰的光特性，目前使用的火焰探测器有三种：一种是对火焰中波长较短的紫外光辐射敏感的紫外探测器；另一种是对火焰中波长较长的红外光辐射敏感的红外探测器；第三种是同时探测火焰中波长较短的紫外线和波长较长的红外线的紫外/红外混合探测器。

具体根据探测波段可分为：单紫外、单红外、双红外、三重红外、红外/紫外、附加视频等火焰探测器。

根据防爆类型可分为：隔爆型、本安型。

（三）传感器类型

对于火焰燃烧中产生的 0.185～0.260μm 波长的紫外线，可采用一种固态物质作为敏感元件，如碳化硅或硝酸铝，也可使用一种充气管作为敏感元件，如盖革—米勒管。

对于火焰中产生的 2.5～3μm 波长的红外线，可采用硫化铝材料的传感器，对于火焰产生的 4.4～4.6μm 波长的红外线，可采用硒化铅材料或钽酸铝材料的传感器。根据不同燃料燃烧发射的光谱可选择不同的传感器，三重红外（IR3）应用较广。

三、维护要求

（一）火灾报警按钮

（1）每 6 个月使用内六角打开火灾报警按钮外壳盖，检查按钮弹簧是否有锈蚀现象，如有则及时进行清理，检查完成后在弹簧上涂抹一层黄油，防止弹簧锈蚀。

（2）将万用表调至通断测试挡位，并联接入报警按钮的接线端，同时按下报警按钮，检查通断情况，如果短路则证明按钮完好。

（二）火焰探测器

（1）检查火焰探测器窗口表面是否清洁，每月进行检查擦拭。
（2）在维护时暂时停止探测器工作，临时屏蔽联锁控制功能，避免报警联动。
（3）检查探测器的接线是否牢固，接线端有无锈蚀现象。

四、常见故障及处置方法

（一）火灾报警按钮

火灾按钮故障判断及处理见表 5-1。

表 5-1 火灾按钮故障及处理

故障现象	原因分析	排除方法
按钮按下后无法弹回	弹簧锈蚀	（1）清理弹簧上的铁锈； （2）更换弹簧
按钮按下后没有卡住	内部卡扣未到位	重新安装卡扣
按钮按下后 DCS 系统无报警	接线松动或脱落	重新接线

（二）火焰探测器

火焰探测器故障判断及处理见表 5-2。

表 5-2 火焰探测器故障判断及处理

故障现象	原因分析	排除方法	备注
电源指示灯不亮	探测器未上电	检查电源线是否有电	接入电压超过探测器允许的最大电压，可能对探测器产生损伤
	电源正负极性错误	是否正确接入探测器	
探测器上电后报火警	火警触点与故障触点接线错误	确认接线是否正确	火警触点为常开、故障触点为常闭
	火灾报警系统模块故障	确认模块是否正常	
	探测器本身损坏	返厂维修	
探测器上电后测试不报警	接线错误	确认接线是否正确	探测器对保护区域内的明火探测需考虑距离、角度等因素影响
	测试方式方法错误	确认测试的方式方法是否正确	
	探测器被遮挡	在探测器正确的保护范围内测试	
	探测器本身损坏	返厂维修	
探测器上电后报故障	接线错误	确认接线是否正确	探测器只有在断电情况下才发出故障信号，故障继电器由常闭变为断开
	模块故障	确认模块是否正常工作	
	线路故障	确认线路正常	
	探测器本身损坏	返厂维修	

五、技术要求及注意事项

（一）火灾报警按钮

（1）每个防火分区应至少设置一个手动火灾报警按钮。从一个防火分区内的任何位置到最邻近的一个手动火灾报警按钮的步行距离不应大于 30m。手动火灾报警按钮宜设置在公共活动场所的出入口处。

（2）手动火灾报警按钮应设置在明显和便于操作的部位。当安装在墙上时，其底边距地高度宜为 1.3~1.5m，且应有明显的标志。

（二）火焰探测器

（1）一般将探测器安装在保护区内最高目标高度的两倍。在探测器的有效范围内，它不能被障碍物阻挡，包括透明材料，如玻璃和其他绝缘体。它可以覆盖所有需要保护的目标和区域，便于定期维护。

（2）探测器安装后，向下倾斜 30°~45°，既可以向下看，又可以向前看，同时减少了镜面污染的可能性。

（3）为了避免检测盲区，通常在对面的角落安装另一个火焰探测器。同时，当其中一个火焰探测器发生故障时，它可以提供备份。

项目五　固定式气体检测仪故障判断与处理

（以 IR2100-Ⅱ系列仪表为例）

一、准备工作

工具：内六角扳手、平口螺丝刀、绒布、磁铁等。

二、工作原理

固定式气体检测仪由光源、滤光片、分光镜、视镜、检测器、控制电路等组成。当无可燃性气体存在时，参比检测输出平衡。当环境中含有可燃性气体时，检测光线被吸收，检测、参比光线强度不一致，桥路平衡破坏，检测部分输出一个与可燃性气体浓度成正比的信号。此信号经放大并送至模数转换器，然后再送到微处理器进行运算、显示，并将实时通过数模转换输出 4～20mA DC 信号。

三、维护要求

（一）检查周期

每季度对固定式气体检测仪进行一次检查，检查内容主要为外观、显示屏、现场信号和上位系统信号对比、镜片清理等。

（二）调零和重新标定

若气体核对或测试时其精确度超过允许范围，需要进行通气重新标定。

（三）润滑螺纹和密封

IR2100-Ⅱ显示单元外壳盖子内的橡胶垫圈（"O"形圈）干涩，那就需要为垫圈加点润滑油或密封剂，也可使用 PTFE（聚四氟乙烯）带来替代润滑油。

（四）保证 IR2100-Ⅱ显示单元的完整性

IR2100-Ⅱ显示单元为隔爆型，可在危险地区 1 区、2 区使用。在危险场所严禁带电开盖。当重新装上盖子时，盖子和壳体之间的缝隙应小于 0.03mm。在重新盖上盖子前，要确保隔爆接合面无尘、无杂质。用一个塞尺测量盖子和壳体间的细缝，保证缝隙小于 0.03mm。IR2100-Ⅱ显示单元壳体上有四个螺纹为 $3/4$in NPT 电气接口，用于直接连接 IR2100-Ⅱ探测器，以及与报警继电器和控制室设备接线使用，旋转时必须旋转 5～7 圈，才能保证外壳的防爆性能。若有进入接口不用，那么在 IR2100-Ⅱ运行期间必须用防爆认证过的防爆栓（堵头）封死。电缆必须用电缆密封接头（隔栏）引入，电缆密封接头螺

纹为 $G^1/_2in$、$G^3/_4in$、$^1/_2in\ NPT$、$^3/_4in\ NPT$，应在订货时确认。

四、常见故障及处置方法

IR2100-Ⅱ系列固定式气体检测仪故障判断及处理见表 5-3。

表 5-3 IR2100-Ⅱ系列固定式气体检测仪故障判断及处理

序号	故障编码	故障原因	处理方法
1	F1	光路阻挡	（1）清洁视镜 （2）清除红外光路间阻挡 （3）重新清理标定
2	F2	光路不洁	（1）清洁视镜 （2）清除红外光路间阻挡 （3）重新清理标定
3	F3	红外光强过低	（1）清洁视镜 （2）清除红外光路间阻挡 （3）重新清理标定
4	F4	红外光强过高	（1）清洁视镜 （2）清除红外光路间阻挡 （3）重新清理标定
5	F5	红外光强突变	（1）断电重启 （2）清洁视镜 （3）清除红外光路间阻挡 （4）重新清理标定
6	F6	欠压	检查仪表端电压，确保高于 20VDC 且稳定
7	F7	标定失败	断电重启后重新清零标定
8	F8	清零失败	断电重启后重新清零标定
9	F9	4~20mA 回路断路	检查电流信号回路，确保回路电阻小于 300Ω
10	F10	检测光源故障	返厂维修
11	F11	参考光源故障	返厂维修
12	F12	加热器故障	返厂维修
13	F13	校验出错	返厂维修
14	F14	内存校验失败	（1）断电重启 （2）返厂维修
15	F15	负漂过大	（1）清洁视镜 （2）重新清零标定
16	F16	EEPROM 出错	返厂维修

续表

序号	故障编码	故障原因	处理方法
17	bF1	显示盒与探测器通信失败	（1）检查接线 （2）返厂维修
18	bF2	显示盒 EEPROM 出错	返厂维修
19	bF3	显示盒欠压	检查仪表端电压，确保高于 20V DC 且稳定
20	bF4	输入电流过低	（1）检查仪表是否有电流输入 （2）检查 TB1.1 应可靠连接上位机或负载 （3）返厂维修
21	bF5	清零失败	重新清零标定
22	bF6	标定失败	重新清零标定

五、技术要求及注意事项

（1）安装时应遵守危险区域"严禁带电开盖"的原则。必须参照并符合 GB/T 3836.15—2017《爆炸性环境 第 15 部分：电气装置的设计、选型和安装》。

（2）仪表具有较强的抑制无线电干扰的能力，尽量不要安装在靠近无线电发射台或类似设备附近。

（3）仪表要安装在尽可能远离热源、光源，无风、无尘、无水、无冲击振动的地方。

（4）接线盒电缆接口如采用软管连接，必须采用电缆密封接头（隔栏）引入。电缆密封接头软管接头螺纹为 $G^1/_2 in$、$G^3/_4 in$、$^1/_2 in\ NPT$、$^3/_4 in\ NPT$ 等。

（5）IR2100-Ⅱ探测器无法探测氢气。

（6）严禁对仪表进行涂漆，一旦涂漆常常会造成探头上的扩散通道受影响。

项目六　三相异步电动机故障处理

一、准备工作

（1）材料：熔断器、润滑脂、绝缘胶布等。
（2）工具：万用表、兆欧表、活动扳手、螺丝刀等常用电工工具。

二、故障处理

三相异步电动机（以下简称电动机）的故障现象比较复杂，同一故障可能出现不同的现象，而同一现象又可能由不同的原因引起。

（一）通电后电动机不能转动

（1）故障原因：① 电源未接通（至少两相未接通）；② 保护装置定值整定过小；③ 控制设备故障或控制回路接线错误。

（2）故障排除：① 检查电源回路开关是否正常工作，熔断器是否熔断，接线盒处是否有断点，对相关问题予以处理；② 调整保护装置定值使之与电动机功率相适应；③ 检查控制设备性能，并检查控制回路接线是否正确。

（二）通电后电动机不转，熔断器熔断

（1）故障原因：① 缺一相电源，或定子线圈一相反接；② 定子绕组相间短路；③ 定子绕组接地；④ 定子绕组接线错误；⑤ 熔断器选型过小；⑥ 电源线路短路或接地。

（2）故障排除：① 检查开关是否有一相未合好，或消除反接故障；② 查出短路点，予以修复；③ 消除接地；④ 查出误接，予以更正；⑤ 合理选用熔断器；⑥ 消除短路或接地点。

（三）通电后电动机不转有嗡嗡声

（1）故障原因：① 定子、转子绕组有断路（一相断线）或电源一相失电；② 绕组引出线始末端接错或绕组内部接反；③ 电源回路接点松动，接触电阻大；④ 电动机负载过大或转子卡住；⑤ 电源电压过低；⑥ 轴承卡住。

（2）故障排除：① 查明断点予以修复；② 检查绕组极性，判断绕组末端是否正确；③ 紧固松动的接点；④ 减载或查出并消除机械故障；⑤ 检查是否把规定的△接法误接为Y，予以纠正；⑥ 修复轴承。

（四）电动机启动困难，额定负载时电动机转速低于额定转速较多

（1）故障原因：① 电源电压过低；② △接法电动机误接为Y；③ 电动机过载。
（2）故障排除：① 测量电源电压，设法改善；② 纠正接法；③ 减载。

（五）电动机运行时响声不正常，有异响

（1）故障原因：① 转子与定子绝缘纸或槽楔相擦；② 轴承磨损或油脂内有砂粒等异物；③ 定子、转子铁芯松动；④ 轴承缺油脂；⑤ 风道填塞或风扇擦风罩；⑥ 电源电压过高或不平衡。

（2）故障排除：① 修剪绝缘，削低槽楔；② 更换轴承或清洗轴承；③ 检修定子、转子铁芯；④ 加油脂；⑤ 清理风道，重新安装风罩；⑥ 检查并调整电源电压。

（六）运行中电动机振动较大

（1）故障原因：① 轴承磨损间隙过大；② 气隙不均匀；③ 转子不平衡；④ 转轴弯曲；⑤ 铁芯变形或松动；⑥ 风扇不平衡；⑦ 机壳或基础强度不够；⑧ 电动机地脚螺丝松动。

（2）故障排除：① 检修轴承，必要时更换；② 调整气隙，使之均匀；③ 校正转子动平衡；④ 校直转轴；⑤ 校正重叠铁芯；⑥ 检修风扇，校正平衡；⑦ 进行加固；⑧ 紧固地脚螺栓。

（七）电动机过热甚至冒烟

（1）故障原因：① 三相定子绕组的短路、断路或三相定子绕组连接错误；② 轴承或定子与转子铁芯相摩擦；③ 铁芯质量问题；④ 电动机通风散热不良；⑤ 电动机过载或频繁启动；⑥ 电源电压过高或过低，均可造成定子绕组中电流增大；⑦ 电动机缺相。

（2）故障排除：① 检修定子绕组，消除故障；② 消除擦点；③ 检修铁芯，排除故障；④ 检查并修复风扇，必要时更换，或改善环境温度，采用降温措施；⑤ 减载，按规定次数控制启动；⑥ 调整电力变压器输出电压；⑦ 恢复三相运行。

三、技术要求及注意事项

电动机发生故障时，可按如下方法进行检查。

（1）一般的检查顺序是先外部后内部、先机械后电气、先控制部分后机组部分，采用"问、看、听、闻、摸"的方法。

（2）检查三相电源是否有电。

（3）检查电源开关、控制电路是否有故障，如接线、熔断器是否完好等。

（4）检查电动机负载是否正常，有无机械卡死、负载过大等问题。

（5）检查电动机本身故障时，先打开接线盒检查是否有接线错误、断线或烧焦等现象。

（6）观察电动机外表有无异常情况，端盖、机壳有无裂痕。用手转动转轴，观察转动是否灵活，有无扫镗和轴承问题。

（7）如果表面观察难以确定故障原因，可使用仪表测量。拆卸电动机，用兆欧表分别测量绕组相间绝缘电阻、对地绝缘电阻，检查定子绕组是否存在断线、绕组烧毁、相间短路或对外壳短接。如果绝缘电阻符合要求，用电桥分别测量三相绕组的直流电阻是否平衡。

项目七 10kV 跌落式熔断器的操作及常见故障判断

一、准备工作

工具：防护眼镜、绝缘靴、高压绝缘手套、绝缘拉杆、安全帽等。

二、设备结构及工作原理

正常工作时，熔断器的熔丝管两端的上动触头和下动触头依靠熔丝系紧，将上动触头推入鸭嘴凸出部分后，磷铜片等制成的上静触头顶着上动触头，故而熔丝管牢固地卡在鸭嘴里。当短路电流通过使熔丝熔断时，即产生电弧，熔丝管内衬的钢纸管在电弧作用下产生大量的气体，在电流过零时使电弧熄灭。由于熔丝熔断，熔丝管的上下动触头失去熔丝的系紧力，在熔丝管自身重力和上下静触头弹簧片的作用下，熔丝管迅速跌落，使电路断开。

三、操作步骤

（1）断开跌落式熔断器负荷。
（2）根据当时环境选择合适的拉（合）闸顺序。
① 静风时应先拉断中间相，然后拉断下风相和剩余相。在合闸时先合旁边的两相，然后合中间相。因为拉闸时先拉中间相，其余两相电流仍能够通过，仅使配变由三相运行改为两相运行，所以拉断中间相时产生的电火花最小，不致造成相间短路。合闸时由于先合旁边的两相，其相间距离便增加了一倍，即使有过电压产生，造成相间短路的可能也很小。最后合中间相，仅使配变由两相运行变为三相运行，其产生的电火花更小，也就更没问题。
② 风速较低时应先拉断中间相，然后拉断下风相，最后拉断剩下的一相。在合闸时先合上风相，然后合另一例相，最后才合中间相。因为拉闸时先拉中间相，其余两相电流仍能够通过，仅使配变由三相运行改为两相运行，所以拉断中间相时产生的电火花最小，不致造成相间短路。其次拉下风相时因为中间相已被拉开，下风相与另一侧相的相间距离便增加了一倍，即使有过电压产生，造成相间短路的可能也很小。最后拉断上风相时，仅有配变对地的电容电流，产生的电火花则更是轻微。合闸时先合上风相，其次合另一侧相，此时中间相未合上，相间距离较大，即使产生较大电弧，造成相间短路的可能性亦很小。最后合中间相，仅使配变由两相运行变为三相运行，其产生的电火花更小，也就更没问题。
③ 强风时应先拉断下风相，然后拉断中间相，最后拉断上风相。在合闸时则按照相反的顺序，主要是为了避免强风把拉闸或合闸时产生的电弧带到处于下风的另一相而导致事故。

四、常见故障及处置方法

10kV 跌落式熔断器故障判断及处理见表 5-4。

表 5-4　10kV 跌落式熔断器故障判断及处理

序号	故障现象	原因分析	排除方法
1	线路缺相	跌落式熔断器熔丝熔断	更换熔丝
2	线路电压偏低	跌落式熔断器接触不良	重新检查熔断器接触安装及接线
3	雷击后变压器损坏，但熔断器未熔断	熔断器内熔丝熔断电流选择过大	更换符合要求的熔丝

五、技术要求及注意事项

（1）不允许跌落式熔断器带负荷操作（额定容量不小于 250kV·A 时）。
（2）设专人监护，悬挂工作警示标志。
（3）穿长袖衣裤、绝缘靴、高压情况戴绝缘手套，戴防护眼镜、安全帽。
（4）采用电压等级相匹配的合格绝缘棒。
（5）大雨或雷电交加的天气时不应进行操作。

第六章

常用工具、器具与仪器仪表使用

项目一 过程校验仪使用

一、准备工作

（1）材料：测试线、正极导线材料、被测温度模块和压力模块。
（2）工具：Fluke744 过程认证校验仪。

二、操作程序

（一）量程

（1）该校验仪通常会自动转换到合适的测量量程。根据量程的状态，显示屏的右下方显示"Range"（量程）或"Auto-Range"（自动改变量程）。

（2）按 Range 软键时，量程即被锁定。再次按该软键进入并锁定在下一个较高的量程上。当选择另外一个测量功能时，Auto-Range 被再次激活。

（3）如果量程已被锁定，则超过量程的输入将导致显示"-------"。在 Auto-Range 状态下，超出量程的输入将导致显示"！！！！！"。

（二）测量电气参数

（1）开启校验仪时，首先进入直流电压测量功能。图 6-1 显示了电气测量连接。

（2）要在 SOURCE（输出）或 MEASURE/SOURCE（测量/输出）模式下选择一个电气测量功能，首先按 [MEAS SOURCE] 进入 MEASURE 模式，然后操作如下。

① 按 [mA] 测量电流，按 [V=] 测量直流电压，按 [V~Hz] 一次测量交流电压或按两次测量频率，或者按 [Ω] 测量电阻。

② 测量频率时，将提示选择一个频率范围。如果正在测量的频率低于 20Hz，按 ⊙ 选择较低的频率范围，然后按 [ENTER]。

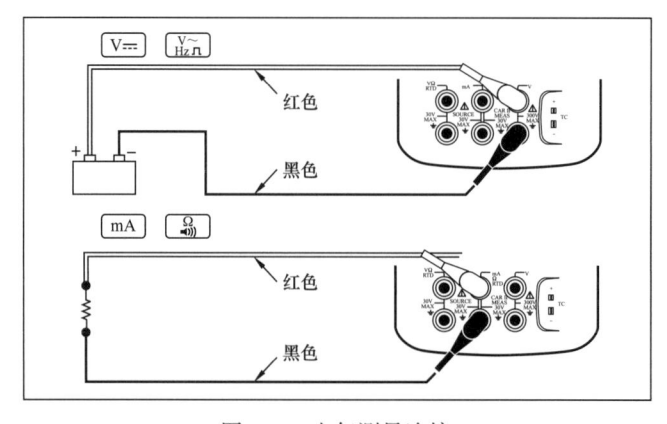

图 6-1 电气测量连接

（三）测量连续性

（1）测试连续性时，当 MEAS 插孔和其公共插孔间的电阻小于 25Ω 时，蜂鸣器就会响起，并且显示屏上显示"Short"（短路）一词。

（2）当该电阻大于 400Ω 时，屏幕上显示"Open"（开路）一词。

（3）按照下列步骤测试连续性：

① 断开被试电路的电源；

② 如果需要，按 [MEAS/SOURCE] 进入 MEASURE 模式；

③ 按 [🔊] 两次，以便显示"Open"；

④ 如图 6-1 所示，将校验仪连接到被测试电路。

（四）测量压力

（1）图 6-2 显示的是表压模块和差压模块。通过将差压模块的较低接头与大气相通而使其以表压模式工作。测量压力时，连接用于被测过程压力的适宜压力模块。

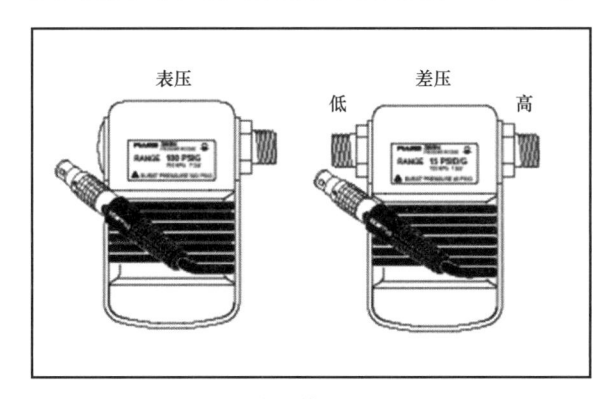

图 6-2　表压模块和差压模块

（2）如图 6-3 所示，将压力模块连接到校验仪。压力模块上的螺纹允许连接标准的 1/4in NPT 管接头。如果必要，则使用提供的 1/4in NPT 至 1/4in ISO 接头。

（3）按 [MEAS/SOURCE] 进入 MEASURE 模式。

（4）按 [🔊]。校验仪将自动检测连接了何种压力模块，并相应设置其量程。

（5）压力模块调零。根据模块的类型，模块调零步骤有所不同。必须在执行一个输出或测量压力的任务之前来执行此步骤。

（6）根据需要，将压力显示单位更改为 psi、mHg、inHg、mH$_2$O、inH$_2$O@68°F、inH$_2$O@60°F、ftH$_2$O、bar、g/cm^2 或 Pa。公制单位（kPa、mmHg 等）在 Setup 模式下以其基本单位（Pa、mHg 等）显示。

（7）按照下列操作更改单位：按 [SETUP]；按 Next-Page（下一页）两次；光标位于 Pressure-Units（压力单位）上时，按 [ENTER] 或 Choices（选择）软键；用 [▲] 或 [▼] 选择压力单位；按 [ENTER]；按 Done（完成）。

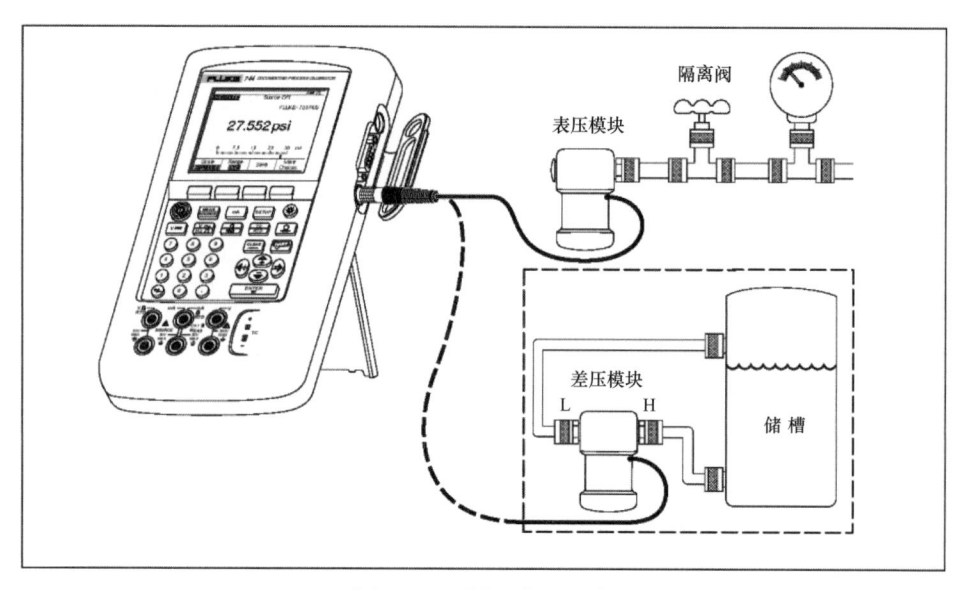

图 6-3　测量压力的连接

（五）测量温度

（1）将热电偶导线连接至合适的热电偶微型插头，然后再连接至热电偶输入/输出，如图 6-4 所示。其中的一个插针要比另一个宽。不要尝试以错误的极性将微型插头强行插入。

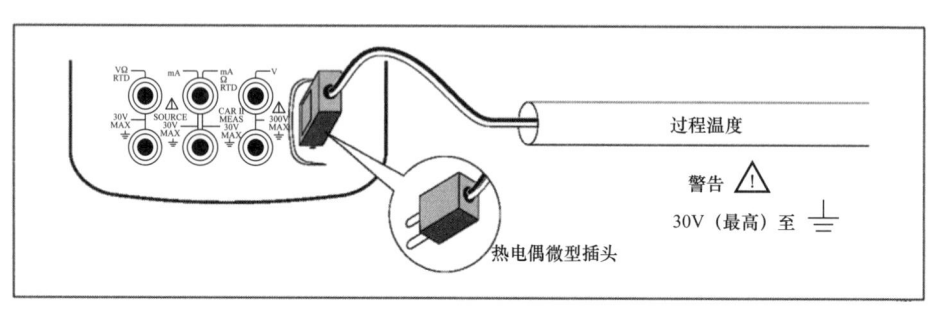

图 6-4　使用热电偶测量温度

（2）如果需要，按 [MEAS SOURCE] 进入 MEASURE 模式。

（3）按 [TC RTD]。选择"TC"，随后显示屏上提示选择热电偶类型。

（4）使用 ▲ 或 ▼ 和 [ENTER] 键选择所需的热电偶类型。

（5）可以按一定步骤在℃或 °F-Temperature-Units（温度单位）间切换：

① 按 [SETUP]；

② 按 Next-Page（下一页）软键两次；

③ 使用 ▲ 和 ▼ 键将光标移动到所需参数；

④ 然后按 [ENTER] 或 Choices 软键为该参数选择一个设置；

⑤ 按 ▼ 将光标移动到所需设置；

⑥按 ENTER 返回到 SETUP 显示；

⑦按 Done 软键或 SETUP 退出 Setup 模式。

（6）还可以在 Setup 中在 ITS-90 或 IPTS-68TemperatureScale（IPTS-68 温度刻度）间切换。其步骤与温度单位调整步骤相同。

（六）使用电阻温度检测器（RTD）

（1）该校验仪允许使用表 6-1 中所示 RTD 类型。这些 RTD 用它们在 0℃（32°F）时的电阻来表征，称为"冰点"或"R_0"，最常见的 R_0 为 100Ω。大多数 RTD 具有一个三端子配置。校验仪可以 2 线制、3 线制或 4 线制连接接受 RTD 测量输入，如图 6-5 所示。4 线制配置的测量精度最高，2 线制的测量精度最低。

表 6-1 可接受的 RTD 类型

RTD 类型	冰点（Ω）	材料	α（Ω/℃）	量程（℃）
Pt100（3926）	100	铂	0.003926	-200~630
Pt100（385）	100	铂	0.00385	-200~800
Ni120（672）	120	镍	0.00672	-80~260
Pt200（385）	200	铂	0.00385	-200~630
Pt500（385）	500	铂	0.00385	-200~630
Pt1000（385）	1000	铂	0.00385	-200~630
Cu10（427）	9.035	铜	0.00427	-100~260
Pt100（3916）	100	铂	0.003916	-200~630

注：①按照 IEC751 标准；

②25℃时为 10Ω。

（2）要使用 RTD 输入来测量温度，请按下列步骤进行操作：

①按 MEAS/SOURCE 进入 MEASURE 模式；

②按 TC/RTD，选择"RTD"，随后显示屏上提示用户选择的 RTD 类型；

③按 ▲ 或 ▼ 选择所需 RTD 类型；

④按 ENTER，按 ▲ 或 ▼ 选择 2 线制、3 线制或 4 线制连接；

⑤按屏幕上或图 6-5 中的显示将 RTD 连接到输入插孔（若使用 3 线制连接，则在 mAΩRTDMEAS 低插孔和 VMEAS 低插孔之间连接一条跨接线，如图 6-5 所示）；

⑥按 ENTER。

（七）测量刻度

（1）根据特定过程仪表的响应来确定测量值的刻度。

（2）百分刻度用于线性输出变送器或开方变送器（如可报告流速的差压变送器）。具体步骤为：

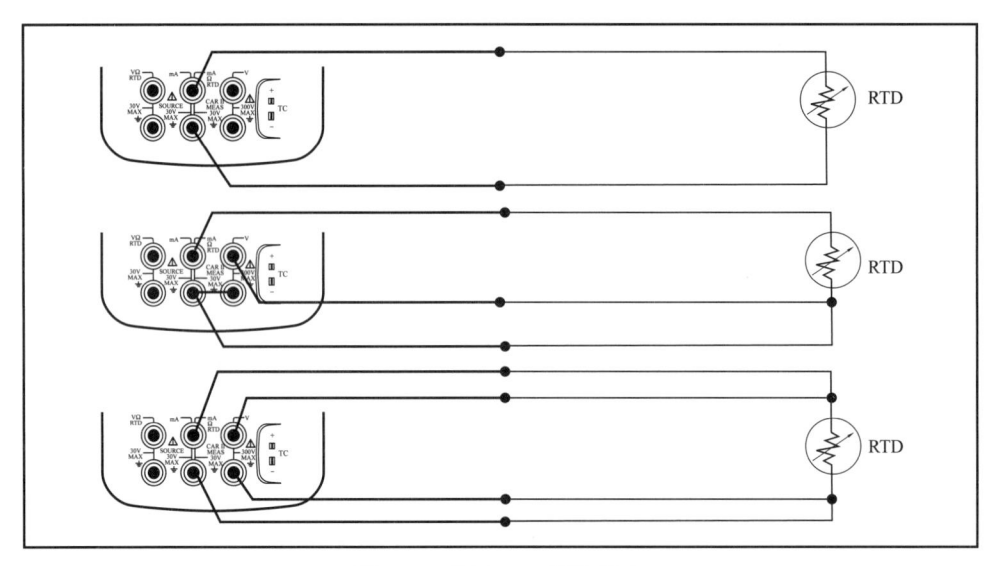

图 6-5　使用 RTD 测量温度

① 按 [MEAS/SOURCE] 进入 MEASURE 模式；
② 按前面所述，选择一个测量功能（[mA]、[V=]、[V~/Hz]、[Ω]、[TC/RTD] 或 [⇌]）；
③ 按 Scale（调节刻度）软键；
④ 从列表中选择 % 刻度；
⑤ 使用数字键盘输入 0% 刻度值（0%Value）；
⑥ 按 [ENTER]；
⑦ 使用数字键盘输入 100% 刻度值（100%Value）；
⑧ 按 [ENTER]；
⑨ 按 Done 软键。

三、技术要求及注意事项

（1）要获得最佳噪声抑制和最高的准确度性能，不可使用交流电源适配器，并将全部三个公共插孔连接在一起。

（2）在测量压力时，为避免加压系统中压力的突然释放，需将压力模块连接到压力管线之前先将阀关闭，然后缓慢放出压力。

（3）为避免对压力模块造成机械损坏，绝不要在压力模块的接头之间或接头与模块的外壳之间施加超过 10ft·lbf 的扭矩。要在压力模块接头与连接接头之间施加合适的扭矩。

（4）为避免过高的压力将压力模块损坏，绝不要施加比压力模块上标明的额定最高压力还要高的压力。

（5）在使用电阻温度检测器（RTD）时，不要在水平方向任意两个插孔之间强行使用一个双香蕉插头。这样做将使插孔损坏。需要时请使用提供的跨接线用于 RTD 测量。

项目二　手操器使用

一、准备工作

（1）材料：连接线。
（2）工具：HART475 手操器、待测变送器。

二、操作程序

（一）按键说明

常用的 HART 手操器操作界面如图 6-6 所示。

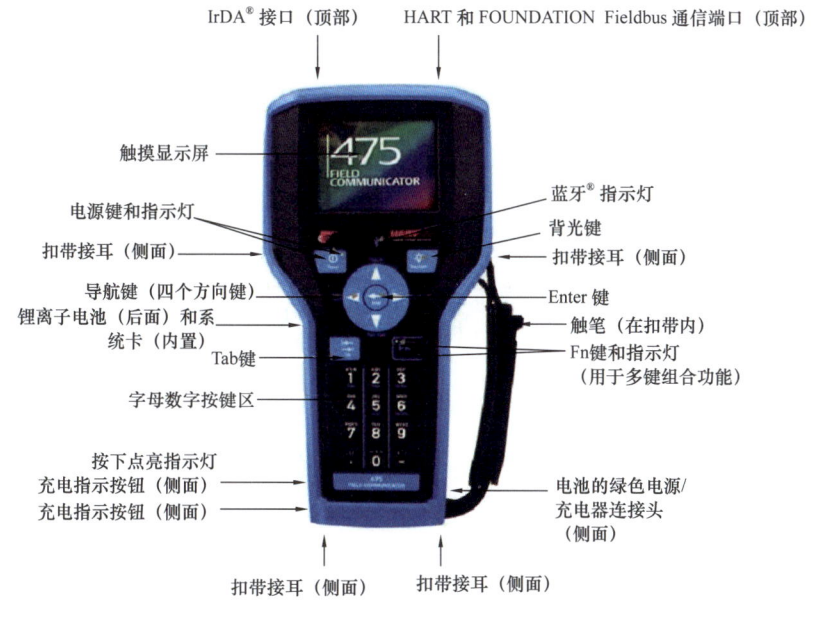

图 6-6　手操器操作界面介绍

（二）启动

（1）开机，将手操器与仪表连接，在菜单界面选择 HART。
（2）通信成功以后，在 HART Application（应用）界面选择 Online（在线），随后点击 YES。

（三）量程更改

在 EJA：44 界面里，五个选项依次表示：
（1）1 Decive setup——设备设置；

（2）2 Pres——当前压力值；

（3）3 AO1 Out——当前输出电流值；

（4）4 LRV——量程下限；

（5）5 URV——量程上限。

在键盘上选择 4 或 5 进入量程上限 / 下限设置。

（四）单位及位号更改

在 EJA：44 界面中：

（1）选择"设备设置"；

（2）出现的五个选项依次表示"1 Process variables——过程变量"、"2 Diag/Service——诊断 / 服务"、"3 Basic setup——基本设置"、"4 Detailed setup——详细设置"、"5 Review——浏览"；

（3）选择"基本设置"，然后在出现的"1 Tag——位号"与"2 Unit——单位"进行更改。

（五）回路测试

选择"诊断 / 服务"：

（1）在出现的三个选项"1 Test device——测试设备"、"2 Loop test——回路测试"、"Calibration——校正"中选择"回路测试"；

（2）给 4~20mA 信号值，变送器会有相应显示，其中 4mA 对应于 0、12mA 对应于 50%、16mA 对应于 75%、20mA 对应于 100%。

（六）调零点

（1）在"诊断 / 服务界面"选择"校正"；

（2）然后选择"3 Sensor trim——变送器调整（削减）"；

（3）再选择"1 Zero trim——零点调节"。

三、技术要求及注意事项

（1）在使用过程中如果出现开不了机，即无法启动现场通信器，首先检查电池。如若电池有电还是启动不了，则有可能是现场通信器的开关键已损坏。

（2）若出现通信不正常，首先检查 HART 回路中现场设备的电流和电压。几乎所有的现场设备都至少需要 4mA 和 12VDC 以维持正常运行。

检查回路中的阻抗，看回路中是否接入了 250Ω 的外部阻抗。接入 250Ω 电阻，将引线接入 250Ω 电阻的两端。再查看通信是否正常。

检查接线端子和 HART 通信线缆是否损坏。

HART 通信受到控制系统的干扰。此时停止控制系统中的 HART 通信，确认现场设备和通信器之间的通信。

（3）475手操器死机现象处理流程如下。

① 可从系统卡中重新安装固件和软件，即RE-FLASH操作。

② 故障仍然存在时，可重新安装475手操器的操作系统、系统软件以及应用程序，即RE-IMAGE操作，2.0及以上版本的475手操器才有RE-IMAGE操作功能。步骤：进入475手操器Main-menu → Settings → AboutHART475；选择RE-FLASH或RE-IMAGE → YES。按OK键后要耐心等待，RE-FLASH耗时约20min，RE-IMAGE耗时约50min。操作完成后，屏幕会有提示，根据提示操作即可。

③ 操作时一定要把充电器插上，因为本操作很耗电。操作过程中，禁用待机和自动关机计时器，否则可能会导致无法修复的严重后果。

（4）在回路测试打点完成后，如果直接断开手操器与仪表连接，变送器就会一直显示最后一次给定的值，所以必须按步骤退出。

项目三　蓄电池内阻测试仪使用

一、准备工作

（1）材料：被测蓄电池、UPS 连接线。

（2）工具：Fluke BT510 Battery Analyzer 内阻测试仪。

二、操作程序

（一）按键说明

内阻测试仪按键说明见表 6-2。

表 6-2　内阻测试仪按键说明表

项目	按键	功能	示意图
1	F1 F2 F3 F4	显示屏上的各种功能键	
2	◀ ▶ ▲ ▲	从菜单中选择一个项目，滚动了解相关信息	
3	RANGE	在手动量程和自动量程之间切换	
4	○	开启或关闭背光	
5	SETUP	菜单键	
6	METER/SUPENCE	在 Meter 和 Sequence 之间切换	
7	⏻	开关机键	
8	HOLD	固定当前仪表上的读数使之不变	
9	Discharge VOLTS	放电电压测试	
10	mΩ 60V MAX	内阻测试	
11	RIPPLE VOLET	波纹电压测试	
12	VIEW Memory	数据查看	

（二）Meter 模式和 Sequence 模式切换

（1）每次开机后系统将默认进入 Meter 模式。屏幕左上角显示 Meter 模式。Meter 模式表示快速实时测试，且此模式无编辑和保存功能但可以设置阈值。

（2）如用户需要把所测试的所有数据保存到内存中则需要切换到 Sequence 模式下才能实现，此时只需按键 [METER/Sequence] 即可。

（3）在 Sequence 模式下，仪表按照档案对数据进行管理、分类和分析。点击修改键可对档案进行编辑，编辑完成后点击启动便可对蓄电池进行逐一测试。

（三）Sequence 模式运用

（1）图 6-7 中所示电池数量表示已测试电池的数量。

（2）进度条每一格对应一个电池，空心方格表示还未测试的电池，实心方格表示已测试并保存读数的电池。

（3）使用 [◄] 和 [►] 移动光标，当前测试的电池数量随之变化，当光标位于实心方格上时，该电池的相应读数将显示在进度条下方。

（4）保存两组或更多测试读数之后，将显示平均读数，包括平均电阻和平均电压。

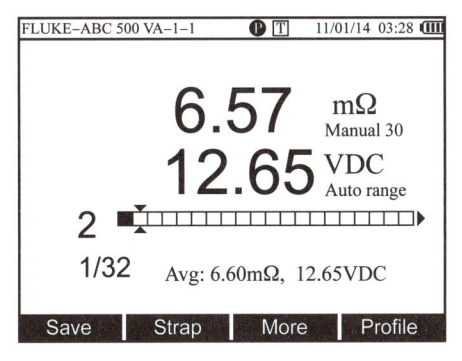

图 6-7　电池测试屏幕

（四）实测蓄电池电阻

（1）被测蓄电池编号与电池编号一致，按连接功能键切换到蓄电池测试，屏幕显示 [S] 表示蓄电池，按电池功能键切换回电池组测试。

（2）设置量程。

① 电池电阻只有手动量程。

② 电池电阻测量的默认量程为 30mΩ，可以通过 [RANGE] 按键，采用以下顺序切换不同量程：30mΩ—300mΩ—3000mΩ。

③ 电池电压默认被设为自动量程，且不可切换。

（3）保存电池测试读数。

① 在 Meter 模式下，按下保存功能键将保存当前的电阻值、电压值及测试时间。

② 所有数据以时间顺序保存。

③在 Sequence 模式下，按下保存功能键将保存当前的电阻和电压读数。

④同时，当前位置序号自动加 1。

⑤测试进度条向右移动一格。

（4）设置测量阈值。

①对于测量阈值的上限和下限或公差范围而言，定义的这些阈值随后会与测量值进行比较，以便自动确认读数是否超出公差范围。

②通过电池的 PASS（合格）、FAIL（失效）或 WARN（警告）指示符提醒用户。

③可以设置多达 10 组阈值，并按需要选择其中一组阈值。

（5）在测量屏幕上，按 More（更多）功能键和 Threshold（阈值）功能键打开"选择阈值"菜单。当设置好阈值后每次测试仪表都会显示 PASS（合格）、Warning（警告）或 FAIL（失效）。

（6）阈值工作原理：应用阈值设置时，会将每个电阻读数与当前阈值设置中的电阻参考值进行比较。

①如果读数大于参考值 ×（1+ 失效阈值）或小于电阻下限，比较结果将为"失效"，表示所测电池可能受损，应做进一步调查。

②如果读数大于参考值 ×（1+ 警告阈值）但小于参考值 ×（1+ 失效阈值），比较结果将为警告，表示所测电池需要引起注意，并增加测试频率。

③如果读数小于参考值 ×（1+ 警告阈值），比较结果将为"合格"，表示所测电池处于规定的公差限值内。

④比如采用以下阈值设置。

a. Resistance-Reference（电阻参考值）设为 3.00mΩ，Warning（警告）设为 20%，Fail（失效）设为 50%，并且 Low-limit（下限）设为 2.00mΩ。

b. 如果电阻读数大于 3.00×（1+50%）=4.50mΩ，比较结果将为 FAIL（失效）。如果电阻读数小于 3.00×（1+20%）=3.60mΩ，比较结果将为 PASS（合格）。

c. 如果电阻读数小于 4.50mΩ 但大于 3.60mΩ，比较结果将为 WARN（警告）。

d. 同时，还会将每个稳定的电压读数与所用电压阈值的下限进行比较。

e. 如果读数小于电压阈值的下限，比较结果将为 FAIL（失效）。

f. 如果读数大于阈值下限，比较结果将为 PASS（合格）。

（五）测量放电电压

（1）在典型的电池负载放电测试中，需要循环测试电池组中每个电池的电压。

（2）典型的电池负载放电测试从电池满电量时开始监测每个电池的电压，直到任何一个电池的电压在恒定负载下达到预定义的最低电压值。

（3）要测试放电电压需进入 Sequence 模式；拨动旋钮开关至 Discharge-VOLTS（放电电压）位置：

①进度条表示正在测试的电池的数量；

②"/"左侧数字表示已测电池的 ID，"/"右侧数字表示档案中的电池总数；

③ 进度条上面一行表示循环次数和每一循环的测试时间；

④ 进度条左侧数字表示电池的 ID，与光标所指的方格相对应，如果光标所指方格对应着含有读数的电池，会在进度条下方显示该读数；

⑤ 按 Save（保存）功能键保存当前放电电压读数和测试时间；

⑥ 按 F3 功能键开始下一循环测试，保存第一个读数时，测试时间将显示在循环次数的旁边。

（六）交直流电压测试

更换测试导线可测量交直流电压，方法同万用表一样，此处不作详细介绍。

（七）连接到计算机

(1) 本仪表带有一个 USB 端口，便于通过 USB 线缆将本产品连接至计算机，如图 6-8 所示。

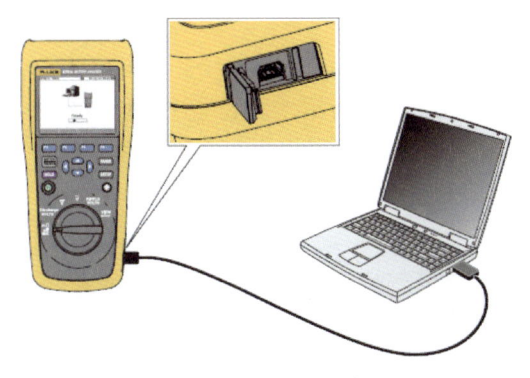

图 6-8　连接电脑示意图

(2) 当仪表连接电脑后通过 Battery-Management 软件可以对测试的所有数据进行修改和重新编辑，最终形成报表和柱形图表，对每只电池的使用情况一目了然。

三、技术要求及注意事项

(1) 内阻测试最大电压为 60V。

(2) 如果一节电池的测试读数与平均读数相差较大，可能表示该电池出现异常。

(3) 放电电压只能在 Sequence 模式下测量。

项目四　绝缘电阻测试仪使用

一、准备工作

（1）材料：测试线、探头、鳄鱼夹。
（2）工具：FLUKE1508 绝缘电阻测试仪。

二、操作程序

绝缘电阻测量原理是基于电阻定律。仪器可以通过将高压直流电应用到绝缘体上的方法，测量电流并计算电阻。显示值取决于机内的扩程电阻，所以要根据不同的电阻测量值来选择相应的量程以获得最佳读数。

（一）绝缘表笔连接

（1）绝缘电阻测量连接如图 6-9 所示，黑表笔连接负极接头，红表笔连接欧姆接头。
（2）选择不同电压挡位可以测量不同规格的电绝缘性能。
（3）根据被测元件绝缘程度规格选择量程。

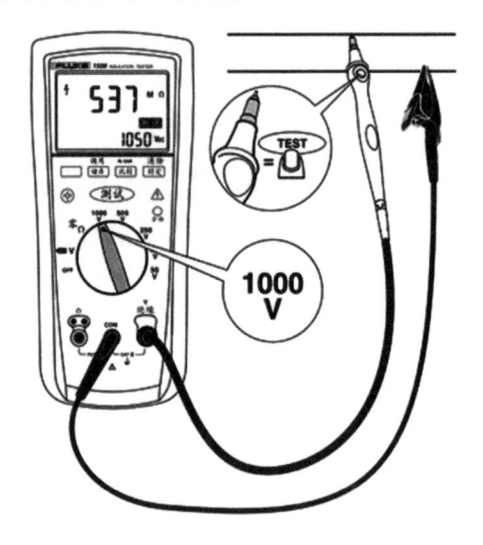

图 6-9　绝缘电阻测量接线图

（二）电压测量

请先将量程选择开关调节至电压挡。若显示屏显示电压值则表示系统中有电压存在，请确认此电压值在 10V 以下，若此电压值在 10V 以上，则绝缘电阻测量值可能会产生误差，此时请先将使用的被测设备断电，使电压下降后再进行测量。

（三）绝缘电阻测量

选择欧姆挡可以测量元器件相应的阻值，测试仪上的测试按键与红表笔上的按键具有相同功能。首先从 2000Ω 挡开始，按下"测试"键，背光将会点亮表示正在测试中。若显示值过小，再一次按 200Ω、20Ω 挡的顺序切换，此时的显示值即为被测接地电阻值。

绝缘测量：一表笔测绝缘层，另一表笔测导体，显示屏显示的阻值大于 550MΩ，则表示绝缘阻值无穷大，绝缘性能好；当测量数值小于绝缘范围或者为 0 时，绝缘性能差。

三、技术要求及注意事项

（1）测量前必须将被测设备电源切断，并对地短路放电，绝不允许设备带电进行测量，以保证人身和设备的安全。

（2）对可能感应出高压电的设备，必须消除这种可能性后，才能进行测量。

（3）被测物表面要清洁，减少接触电阻，确保测量结果的正确性。

（4）测量前要检查兆欧表是否处于正常工作状态，主要检查其"0"和"∞"两点。即摇动手柄，使电动机达到额定转速，兆欧表在短路时应指在"0"位置，开路时应指在"∞"位置。

（5）兆欧表使用时应放在平稳、牢固的地方，且远离大的外电流导体和外磁场。

项目五　直流电阻测试仪使用

一、准备工作

（1）材料：测试线、探头、鳄鱼夹。
（2）工具：FLUKE1508 绝缘电阻测试仪。

二、操作程序

变压器直流电阻的测量是变压器、互感器、电抗器、电磁操作机构等感性线圈制造中半成品、成品出厂试验、安装、交接试验及电力部门预防性试验的必测项目，能有效发现感性线圈的选材、焊接、连接部位松动、缺股、断线等制造缺陷和运行后存在的隐患。

（一）单相测量法

单相测量法接线如图 6-10 所示。

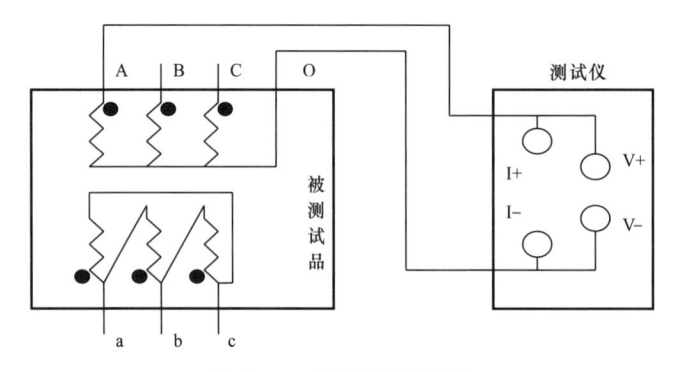

图 6-10　单相测量法接线

（二）助磁法接线［适用于 Y（N）-d-11 连接组别］

助磁法接线如图 6-11 至图 6-13 所示。

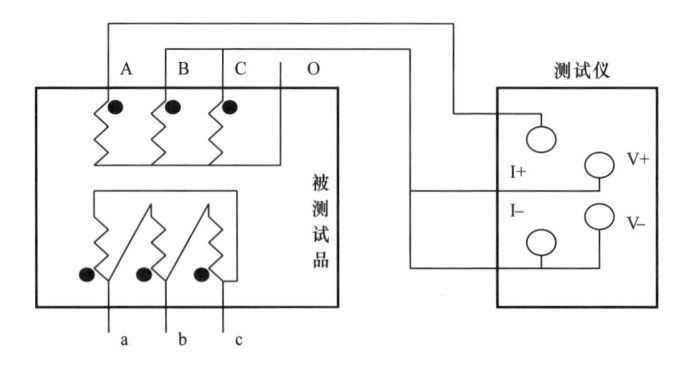

图 6-11　测量低压 Rac 接线方式

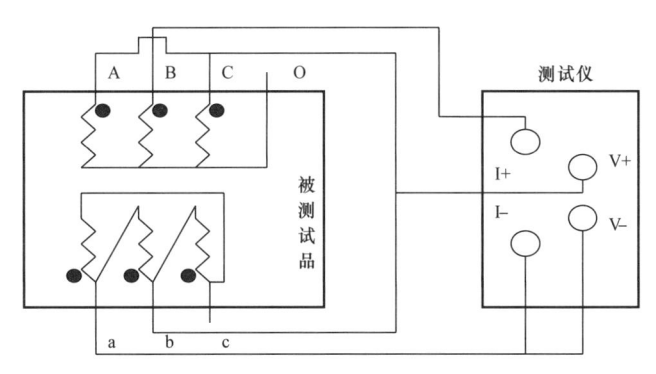

图 6-12　测量低压 Rba 接线方式

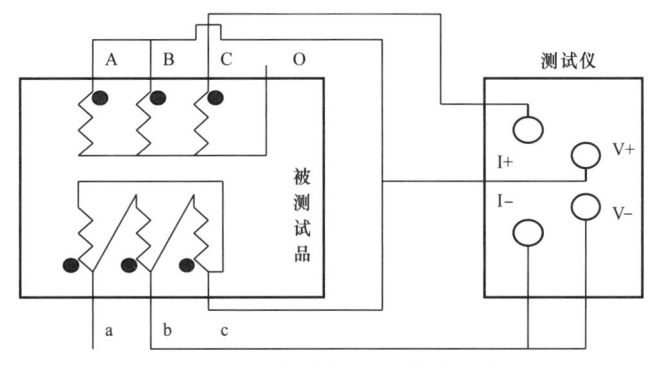

图 6-13　测量低压 Rcb 接线方式

对于大容量的变压器的低压侧测量时，如果在既有的情况下，直流电阻测试仪的最大电流比较小，或者为了加快测量速度，可选择助磁法测量。图 6-11 至图 6-13 中分别为测量低压 Rac、Rba、Rcb 的接线方法。

（三）测试设置

（1）开机页面显示如下图：

```
修改时钟
查询数据
选择电流      5A
```

按循环键光标可在修改时钟、查询数据、选择电流之间移动，按选择键可选择测试电流，选定测试电流后，按确认键可启动测量。在上图界面中光标无论在任何位置，按确认键均可启动测量。

（2）在上图中，按循环键将光标移动到修改时钟：

```
修改时钟
查询数据
选择电流      5A
```

(3) 按选择键可进入时钟修改和查询界面：

```
2010 年 03 月 03 日
18 时 28 分 35 秒
```

在上图中，按循环键可将光标在各个日期数据之间移动，按选择键减小数据，按确认键增加数据。

(4) 在开机状态下将光标移动到查询数据菜单，然后按选择键进入数据查询：

```
001
  I =      5 A
  R =  0.9998 mΩ
```

(5) 当选好电流后，按下确认键开始测试。液晶显示"正在充电"，过几秒钟之后，显示"正在测试"，这时说明充电完毕，进入测试状态，几秒后，就会显示所测阻值，如下图。当选择自动测试时，仪器会根据试品阻值情况自动选择合适的输出电流进行测试。

```
  I =      5 A
  R =  0.9998 mΩ
```

(6) 测试完毕后，按"复位"键，仪器输出电源断开，同时放电，音响报警，液晶恢复初始页面，放电音响结束后，请一定稍等 10s 左右，重新接线进行下次测量，或关断电源后拆下测试线与电源线，结束测量。

三、技术要求及注意事项

(1) 在测无载调压变压器倒分接前一定要复位，放电结束后，报警声停止 10s 以上，方可切换分接点。

(2) 在拆线前，一定要等放电结束后，报警声停止，最好等 10s 以上再进行拆线，以保证电荷完全释放。

(3) 选择电流时要参考技术指标栏内量程，不要超过量程和欠量程使用。超量程时，由于电流达不到预设值，仪器一直处在"正在充电"状态。欠量程时，显示"电流太小"。当出现此两种状态时要确认量程，选择适合的电流进行测试。

(4) 用助磁法时注意量程。因为高压线圈两个并联加上一个串联，在整个测试回路加入了 1.5 倍的高压线圈电阻，选择量程时要折算在内。如果超量程使用，输出电流无法达到设定值或输出电流不稳定。

(5) 助磁法三条线的短接点在放电完毕后拆线时，可能有剩余电流，拆除时可能会打火放电，此属正常现象。

（6）测试夹与变压器绕组的引出端连接时，要注意引出端长期裸露在空气中，引出端的表面覆盖了一层氧化膜，该氧化膜可能造成测量结果不稳定或不准确，所以在接线时要注意清理氧化膜，或者测试夹与引出端连接好后，用力扭动几下测试夹以划破氧化膜，保证连接良好。

项目六　测距仪的使用

一、准备工作

（1）材料：配套三脚架。
（2）工具：BOACHGLM250 测距仪。

二、操作程序

激光测距仪是利用激光对目标的距离进行准确测定（又称激光测距）的仪器。激光测距仪在工作时向目标射出一束很细的激光，由光电元件接收目标反射的激光束，计时器测定激光束从发射到接收的时间，计算出从观测者到目标的距离。BOACHGLM250 测距仪操作界面如图 6-14 所示。

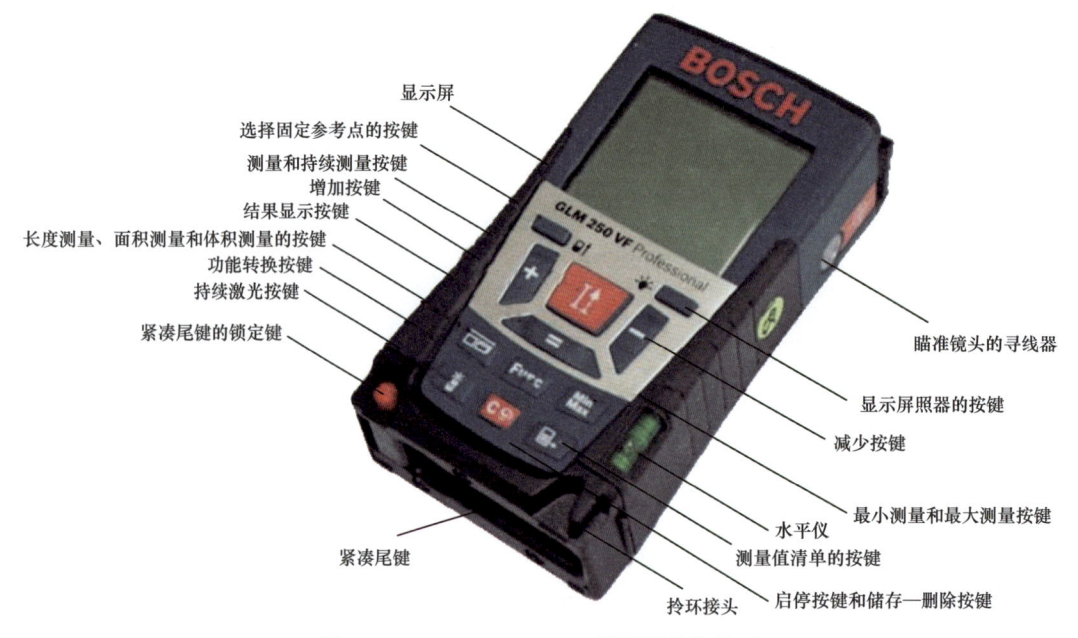

图 6-14　BOACHGLM250 测距仪操作界面

（一）测距仪一般操作

（1）开启测量仪：短暂按住"启停开关键"或"测量按键"（红色键）。
（2）选择测量功能：选择各种功能键（开启之后，系统设定在长度测量功能上）。
（3）设定测量基本面：按"固定参考点键"（开启之后，系统设定在测量仪器的后缘 E）。
（4）把仪器的固定参考点靠在测量线上（如墙壁）。

(5)启动测量功能：按"测量和持续测量键"。

(6)瞄准目标，再次按"测量和持续测量键"。读数会在显示屏上显示。

(7)关闭：按"启停开关键"或20s后自动关闭。

（二）功能选择

测距仪的作用很多，可测量长度、面积和体积，但所有的测量功能的使用步骤均相同，可按"长度、面积和体积"键进行选择。测量基本面的选择，主要是确定计算基准面，即从哪儿开始计算测量长度、面积等，重复按"固定参考点"键有四种不同的固定参考点可选择：

(1)测量仪器的后缘（如把仪器靠在墙上）；

(2)紧凑尾件的后端（如从墙角开始测量房间对角线长等）；

(3)测量仪的前缘（如桌子边缘开始测量）；

(4)螺纹孔（借助三脚架测量）。

开机时，固定参考点设置在仪器的后缘。

（三）长度测量

选择测量功能，按住"长度、面积和体积"测量键，直到显示屏上出现"——"符号；进行瞄准和进行测量时必须各按一次"测量和持续测量键"。

读数：结果显示在显示屏的下端。

（四）面积测量

选择测量功能，按住"长度、面积和体积"测量键，直到显示屏上出现面积符号"□"为止；使用长度测量方式，先后测量该面积的长和宽（测量宽时，激光都是开着的，只需按两次）。

读数：仪器自动计算结果，结果显示在显示屏的上方（最后一次长度测量值显示在显示屏的下方）。

注：仪器不能显示超过9999m^{3}的数值，如超过，将显示"ERROR"字样。

（五）体积测量

选择测量功能，按住"长度、面积和体积"测量键，直到显示屏上出现体积符号"■"为止；使用长度测量方式，先后测量该面积的长、宽和高（测量宽、高时，只需分别按一次）。

读数：仪器自动计算结果，结果显示在显示屏的上方（最后一次长度测量值显示在显示屏的下方）。

（六）最小/最大值测量

目的：找出距离固定参考点最近的位置，如可以帮助寻找与固定参考点平行或垂直的线段（演示：某点到墙面的最短距离）。

选择测量功能，按"最小、最大测量"键，直到显示屏上出现符号"MIN/MAX"为止；按"测量和持续测量键"开始测量。

（1）操作时，要在测量目标上来回移动激光，而测量时的固定点（如紧凑尾件）得始终保持在同一个位置。

（2）进行测量时，目前长度测量值会出现在显示屏的下端，而到目前为止最小/最大的测量值会显示在显示屏的右上角。随着移动，当"最新"长度最小/最大值小于/大于"至今"的最小/最大测量值，这个"最新"的测量值便会取代"至今"的最小/最大测量值。

读数：结果显示在显示屏的右上方。

结束：按一次"测量和持续测量"键。

（七）持续测量

目的：通常用来转载尺寸，确定墙壁到特定距离的点，可用来现场放线。如选择该功能后，随意移动仪器，仪器每0.5s更新一次测量值。

选择长度测量功能，按"长度、面积和体积"测量键（一般系统默认为"长度测量功能"）；按住"测量和持续测量"键，直到显示屏上出现一个箭头符号">"为止，此时已启动激光，可以进行测量。

移动仪器，直至需要的距离出现在显示屏下方。

结束：按住"测量和持续测量"键。

三、技术要求及注意事项

（1）因为手持测距仪使用的是比较强的激光束，使用手持测距仪时，不能用眼睛去对准发射口，也不能使用瞄准望远镜去观察光滑反射面。

（2）测量结果影响因素：透明的表面（玻璃、水）；会反射的表面（经过抛光的金属，玻璃）；多孔的表面（多孔材料、隔离材料）；有纹路的表面（粗糙的墙面，天然石材）。解决方法：在物体表面放置激光瞄准靶。

项目七　超声波测厚仪使用

一、准备工作

（1）材料：连接线。

（2）工具：ADM G6725 型号超声波测厚仪。

二、操作程序

（一）安装点选择

先选择合适的安装点，要求流量计安装点前端有足够长的直管段。

（二）安装点管壁两侧打磨

选择好直管段后，在管道中央两侧合适位置进行打磨。

（三）测量管道外周长

用卷尺或粘贴胶带精确测量出管道的外周长（mm）（此测量工作需要尽可能仔细），外周长（mm）/π（3.1416）= 管道的外直径（mm），记录此数值。此测量要求尽可能精确。

（四）测量壁厚

（1）将壁厚探头插入通道 A，按一下"C"键开机，主机会自动检测测厚探头。

（2）待自检功能结束：

① 回到主菜单"PAR MEA OPT SF"后，按"4"或"6"键（即左、右键）；

② 把光标移到"PAR"项，按"ENTER"键进入；

③ 按"8"或"2"键（即上、下键），选择"for channel A"；

④ 按"ENTER"键确认。

（3）再按"8"或"2"键（即上、下键），选择管道的材质：

① 如"Carbon Steel- 碳钢"，按"ENTER"键确认；

② 出现管道的材质的相应声速后，再按"ENTER"键确认；

③ 回到主菜单"PAR MEA OPT SF"，按"6"键（即右键）。

（4）把光标移到"MEA"：

① 按"ENTER"键进入，进入壁厚测量模式；

② 在测厚探头上涂上耦合剂，把探头紧压在打磨后的管壁上，进行测厚；

③ 在安装点位置的打磨区域来回多测几次，取一平均值，记录此数值。

（五）主机参数设置

（1）壁厚测量工作完成后：

① 按一下"BRK"键，退回到主菜单"PAR MEA OPT SF"；

② 连续按三下"BRK"键，关机。

（2）将测厚探头取下：

① 将流量探头插入通道 A，按一下"C"键开机；

② 主机会自动检测流量测量探头，待自检功能结束。

（3）回到主菜单"PAR MEA OPT SF"：

① 按"4"或"6"键（即左、右键），把光标移到"SF"项，按"ENTER"键进入；

② 按"8"或"2"键（即上、下键），选择"SYSTEM settings"，按"ENTER"键进入；

③ 按"8"或"2"键（即上、下键），选择"Measuring"，按"ENTER"键进入；

④ 出现"Gas measuring"菜单，把光标移到"ON"，按"ENTER"键确认。

（4）按一下"BRK"键，退回到主菜单"PAR MEA OPT SF"：

① 把光标移到"SF"项，重新按"ENTER"键进入；

② 选择"SYSTEM settings"，按"ENTER"键进入；

③ 按"8"或"2"键（即上、下键），选择"Gas-Measuring"，按"ENTER"键进入；

④ 在"Normal pressure"项，输入当地标准大气压（例如：1.01300bar），按"ENTER"键确认；

⑤ 出现"Normal temper"项，输入标况温度（例如：20℃），按"ENTER"键确认；

⑥ 按一下"BRK"键，退回到主菜单"PAR MEA OPT SF"。

（六）单位选择

（1）界面进入：

① 按"4"或"6"键（即左、右键），把光标移到"OPT"项，按"ENTER"键进入；

② 按"8"或"2"键（即上、下键），选择"for channel A"，按"ENTER"键确认；

③ 按"8"或"2"键（即上、下键），选择测量显示的单位[例如：Volume（oper.）——工况体积流量，或 Volume（norm.）——标况体积流量]。

（2）选择测量单位：

① 选择好相应的测量单位后，按"ENTER"键确认；

② 下一步，按"8"或"2"键（即上、下键），选择相关的单位符号（例如：m^3/h 或其他单位），按"ENTER"键确认；

③ 出现"Damping"——阻尼时间，如气体是长时间稳定流动的话，选择"30S"或"60S"，以增加显示数值的稳定性，按"ENTER"键确认。

（3）数据储存：

① 出现"Store Meas.Data"——存储测量数据，可选"Yes"或"No"；

② 如需将测量数据存储下来，通过 RS232 接口传输到电脑中去，则选择"Yes"，"Serial Outptu"—连续输出，选择"No"；

③ "Storage Rate"——存储时间频率，按"8"或"2"键（即上、下键），选择"Every Second"—每秒钟，或其他存储时间频率；

④ 按"ENTER"键确认后，回到主菜单"PAR MEA OPT SF"。

（七）测量类型选择

（1）按"4"或"6"键（即左、右键），把光标移到"PAR"项，按"ENTER"键进入；

（2）选择"for channel A"，按"ENTER"键确认；

（3）出现"Outer Diameter"——管道外直径，输入实际精确测量的管道外径数值（例如：220.6mm），按"ENTER"键确认；

（4）出现"Wall Thickness"——管道壁厚，输入实际精确测量的管道壁厚数值（例如：6.2mm），按"ENTER"键确认；

（5）出现"Pipe Material"——管道材质，选择相应的管道材质，按"ENTER"键确认；

（6）出现"Lining"——管道内衬，如管道没有内衬，则选择"No"，按"ENTER"键确认；

（7）出现"Roughness"——管道内表面粗糙度，如管道较新，一般输入"0.1mm"，如管道较早安装，估计内表面腐蚀较厉害，或内表面非常粗糙，则相应增大该数值，按"ENTER"键确认；

（8）出现"Medium"——测量介质，选择"Natural gas"—天然气，按"ENTER"键确认；

（9）出现"Kinem.Viscosity"——介质的运动黏度，按"ENTER"键确认；

（10）出现"Density"——介质密度，输入相应天然气密度（注意密度单位：kg/m^3），按"ENTER"键确认；

（11）出现"Gas compr.factor"——气体补偿系数，输入用户要求的天然气气体补偿系数，按"ENTER"键确认；

（12）出现"Medium Temperat."——介质温度，输入天然气管壁温度，按"ENTER"键确认；

（13）出现"Fluid pressure"——气体压力，此处需要输入的是气体的绝对压力（表压 + 1 个标准大气压），按"ENTER"键确认；

（14）回到主菜单"PAR MEA OPT SF"。

（八）通道选择

（1）界面进入：

① 按"4"或"6"键（即左、右键），把光标移到"MEA"项，按"ENTER"键进入；

②把光标移到"A"项，按"8"或"2"键（即上、下键），把"A"项选择为"√"，表示激活"A"通道；

③再把光标移到"B"项，按"8"或"2"键（即上、下键），把"B"项选择为"–"，表示关闭"B"通道；

④再按"4"或"6"键（即左、右键），把光标移到"A"项，按"ENTER"键确认。

（2）通道选择：

①出现"A：Meas.Point No"——测量数值存储位号，可以选择"1"或其他数值，按"ENTER"键确认；

②出现"A：Sound Path"——探头安装声程数，输入"1"，按"ENTER"键确认；

③出现"Transd. Distance"——探头安装间距，主机上会显示一个具体探头安装间距数值。

（九）导轨夹具及探头的安装

1. 标记准备工作

（1）用水平尺在已打磨好的管道一侧中央，用油性记号笔较细的一端，在管道中央划一条水平直线，尽可能划得长一些。

（2）该水平直线应该位于管道该侧的正中央，再画一条与该水平直线完全垂直的圆周线，精确测量的管道外周长/2 = 管道的半周长。

（3）从圆周线与已画水平线的交叉点量起，在管道的另一侧画出管道另一侧的中等分水平线（可以采用两点确定一条直线的方法）。

（4）注意事项：此工作需要极其仔细、认真（因为对于安装的要求气体外夹测量比液体外夹测量高多了，所以如果管道的水平等分线没有画得非常精确的话，对于气体外夹式测量来讲，往往就会因为此细节而导致测量不出数据），所以再三强调，划管道的水平等分线的工作是极其严格和精确的。

2. 安装步骤

（1）水平等分线画好后，按照提示的探头安装间距，在管道的另侧画出该距离的垂直线。

（2）注意事项：该距离为12mm，则两探头两平面之间的距离是12mm，如该距离为 –12mm，则两探头两平面之间的距离是 –12mm。

（3）按照画好的管道水平等分线安装两副导轨夹具。

（4）注意事项：导轨夹具由于设计巧妙，当它完全贴合在管壁上时，如它贴合面凹槽两侧完全紧密贴合在管壁上时，其会正好位于管道的中心位置，所以导轨夹具的安装及探头间距位置的确定是极其严格和仔细的，在大部分测量不出数据的情况下，如气体压力等级满足外夹式气体测量的要求时，应首先检查安装是否符合要求。

（十）正式测量

（1）按主机提示的探头安装间距，涂上耦合剂，安装好探头；

（2）进入"Transd. Distance"——探头安装间距，主机上会显示一个具体探头安装间距数值，按"ENTER"键确认；

（3）此时会出现"S= ■■■■■"，信号格数越多，表明测量效果会越好，如信号格数达到或超过"S= ■■"两格，并且信号灯"Singnal"左边的灯由红色变为持续绿色时，按"ENTER"键确认；

（4）再把"Transd.Distance"数值更改为主机上提示的具体探头安装间距数值，按"ENTER"键确认。

进入正式测量程序。

三、技术要求及注意事项

（1）对于安装点的选择，如需保证精确测量的话，最好能有前 $40 \times D$（管径），后 $10 \times D$（管径）的直管段，如前后直管段较短，例如安装点只有前 $10 \times D$（管径），后 $5 \times D$（管径）的直管段，或者更短的直管段的话，会对测量精度产生一定的影响，但是测量还是能够进行。所以在可能的条件下，尽可能选择较长的直管段安装点。

（2）对于安装点打磨，一般可以先打磨管道一侧，尽可能使打磨区域比探头的长度和宽度更大一些，需要尽可能把管外壁打磨平整光滑，至少没有油漆层，表面摸上去非常光洁。打磨的好坏直接影响测量效果。

（3）对于测量壁厚来说，因为国内管道多数不是非常规则，所以建议最好管道两侧都能测一下壁厚，取一平均值。

（4）出现"Kinem.Viscosity"——介质的运动黏度，此数值最好问工艺人员，或查相关介质手册，一般天然气公司负责工艺的技术人员会非常清楚该数值（mm^2/s）。

项目八　外夹式超声波流量计的使用

一、准备工作

（1）材料：连接线。

（2）FLUXUS F601/FLUXUS G601 外夹式超声波流量计。

二、操作程序

（一）连接流量计主机与传感器

（1）将流量计主机放置或固定，并将流量计主机安置在电缆长度能及的范围内。如需要可使用扩展电缆。

（2）连接时，传感器接头上的红点应对准主机插槽上的红点；取下时，握在传感器接头有滚花的末端。

（二）输入参数—选择输出—开始测量

外夹式超声波流量计测量操作见表 6-3。

表 6-3　外夹式超声波流量计测量操作

输入参数	选择输出	开始测量
>PAR<mea opt sf Parameter → ENTER → Parameter for channel A: → 选择测量通道 ENTER → Outer diameter 70.0mm → 输入外径（mm）ENTER → Wall thickness 2.5mm → 输入壁厚（mm）ENTER → Pipe material Stainless steel → 选择管道材质 ENTER → Lining >No< >Yes< → 选择是否有内衬 ENTER → Roughness 0.5mm → 输入粗糙度（mm）ENTER → Medium Water → 选择被测介质 ENTER → Medium Temperat 0.5mm → 输入介质温度 ENTER → >PAR<mea opt sf Parameter	Par mea >OPT< sf Output Options → ENTER → Out put options For channel A → ENTER → 选择测量通道 → Phys. Quant. Volume flow → ENTER → 选择被测物理量：体积流量，质量流量，热量或流速 → Volume in m³/h → ENTER → 选择测量单位 → Store Meas. Data >No< >Yes< → ENTER → 如需保存测量数据，请选择YES → Serial Output >No< >Yes< → ENTER → 若要激活测量值输出到串行接口，请选择YES → Storage Rate Once per 10sec. → ENTER → 选择数据保存周期，也就是测量值存储或输出的间隔时间	par>MEA< opt sf Measuring → ENTER → CHANN:>A<BXY Measure: √ — · → ✓：通道激活；—：通道停用；·：无参数 → ENTER → 选择测量通道：4 和 6 键；激活测量通道：8 和 2 键 → Sound Path 2 NUM → ENTER → 将耦合剂涂抹在传感器与管道的接触面上 → 根据推荐的间距 A 安装传感器 → Transd. Distance A:53.9mm Reflec → ENTER → S:▬▬▬▬▬ A:■=53.9mm → ENTER → 移动传感器直到测量通道，LED 灯变绿 → Transd. Distance? 53.9mm → ENTER → 测量并输入调整好的传感器距离（mm） → A:Volume Flow 54.3m³/h 声程选择：（A-传感器间距） 当声程为偶数时：传感器必须安装在管道的同一侧。 当声程为奇数时：传感器必须安装在管道相对的两侧。 安装传感器时，请注意： 根据建议的间距数安装传感器 清洁测量点所在的管道表面 涂抹耦合剂 重要提示： 传感器顶部的印记对准呈现一箭头形表示安装正确

三、技术要求及注意事项

（1）选择测量点时，注意远离干扰源。

（2）在安装时需要将传感器置于管道侧面，切勿将其安装在管道的顶部或者底部。